数学方法论

王燕荣　著

西南交通大学出版社
·成 都·

图书在版编目（CIP）数据

数学方法论／王燕荣著. —成都：西南交通大学
出版社，2018.8
　　ISBN 978-7-5643-6368-0

　　Ⅰ.①数… Ⅱ.①王… Ⅲ.①数学方法–方法论
Ⅳ.①O1-0

中国版本图书馆 CIP 数据核字（2018）第 195302 号

| 数学方法论 | 王燕荣 著 | 责任编辑　张宝华 |
| | | 封面设计　何东琳设计工作室 |

印张　13　　字数　228千　　　　　　出版发行　西南交通大学出版社

成品尺寸　170 mm×230 mm　　　　　网址　http://www.xnjdcbs.com

版次　2018年8月第1版　　　　　　　地址　四川省成都市二环路北一段111号
　　　　　　　　　　　　　　　　　　　　　西南交通大学创新大厦21楼
印次　2018年8月第1次　　　　　　　邮政编码　610031

印刷　成都中永印务有限责任公司　　　发行部电话　028-87600564　028-87600533

书号　ISBN 978-7-5643-6368-0　　　　定价　78.00元

前　言

　　数学思想蕴涵在数学知识形成、发展和应用的过程中，是数学知识和数学方法在更高层次上的抽象和概括. 随着数学教育改革的不断深入和发展，其重要性日趋凸现. 因此，从方法论角度探讨数学发展的规律、掌握典型的数学思想方法、了解数学的发现和发明以及创新的法则，并有效指导教学实践是对数学教师的基本要求，也是提升数学教师的学科素养的有效途径.

　　本书是作者多年教学实践经验与理论研究成果的总结，该书力求理论的科学性和前沿性，内容的时代性和丰富性，所选例证的典型性和实用性，语言陈述的严谨性和通俗性. 全书共 6 章，第一章为数学方法论概述. 从整体及宏观认识上对数学方法论进行概述，尤其对核心词——数学思想、数学方法、数学思想方法采用文献研究法，在梳理文献的基础上概括观点. 第二章介绍了数学发展的规律和趋势. 从数学史的角度，结合典型的事例分析数学发展的主要特点及发展的方法. 第三章介绍了数学思想方法的几次重大突破. 从数学历史发展的脉络详细呈现六次重大突破的背景及产生的巨大影响，这也是人类数学思维发生质变的关键之处，同时启迪教师在相应的教学中如何更好地引导学生提升思维. 第四章为数学思想方法选讲. 目前，对数学思想方法尚无统一的划分，本书主要从发现问题、提出问题、分析问题和解决问题时常用的重要思想角度将其分为七类，具体方法则在各类解题研究中体现. 第五章为数学悖论与数学发明创造. 首先介绍了数学悖论与数学危机，旨在开阔视野，提升数学文化修养. 然后讨论了数学发明创造的心智过程以及数学审美能力的培养，意在激发学生学习数学的热情，发展学生的创新意识. 第六章为数学思想方法教学研究. 对如何将数学的精神、思想和方法落实到课堂教学中进行了一系列探讨，以期达到抛砖引玉之效.

　　本书在撰写过程中，得到了韩龙淑老师的大力支持与帮助，本书能够顺利完成，离不开韩老师在学术上的辛勤指导. 另外，要感谢王保红、王文静、姜合峰老师给予的鼓励和中肯的建议，感谢陈梦瑶、范芬瑞两位研究生在文字校对时的辛勤付出.

鉴于作者学术水平有限，加上数学方法论是哲学、方法论和数学史等多门学科的交叉学科，本书难免存在不当之处，恳请各位专家、同行、广大师生和读者批评指正.

作　者

2018 年 3 月

目 录

1   数学方法论概述

米山国藏指出：作为知识的数学，人们日后若不从事数学工作，通常是走出校门后不到一两年就忘掉了．然而，不管人们从事什么工作，那些深深地铭刻于头脑中的数学的精神、思想方法、研究方法、推理方法和着眼点等（若培养了这方面的素质）却随时随地发挥着作用，使他们受益终身．所以，可以说，数学教育就是所有知识都遗忘后所剩下的东西．《全日制义务教育数学课程标准（实验稿）》（2011 年版）中也明确提出："数学教育使学生获得适应社会生活和进一步发展所必需的数学的基础知识、基本技能、基本思想、基本活动经验．"《普通高中数学课程标准（实验稿）》提出："教学中应强调对基本概念和基本思想的理解和掌握，对一些核心概念和基本思想要贯穿高中数学教学的始终"．由此彰显了数学思想方法研究的重要性．也就是说，从方法论角度探讨数学发展规律、数学思想方法、数学的发现、发明以及创新的法则等，对提升数学教师的学科素养，促进基础教育改革的发展，具有重要的理论和现实意义．

1.1   数学方法、数学思想的认识及其关系

1.1.1   数学方法的认识

要研究什么是数学方法，首先就要对方法有清楚的认识．方法是科学方法论的基本概念，目前关于方法的认识，还没有统一的定义．"方法"在词典上是指解决思考、说话、行动等问题的门路和程序，又称在实践活动和精神活动中的行动方式．查阅各种辞书，可以看出，对方法的解释也是各有千秋．如《苏联大百科全书》中说："方法表示研究或认识的途径、理论或学说，即从实践上或理论上把握现实的，为解决具体课题而采用的手段或操作的总和．"美国麦克来伦公司的《哲学百科全书》将方法解释为"按给定程序达到既定成果必须采取的步骤．"我国《辞源》中将"方法"解释为"办法、方术或法术"．从科学研究的角度来说，方法是人们用以研究问题、解决问题的手段、工具，这种手段、工具与人们的知识经验、理论水平密切相关，是指导人们行动的原则．中国古代兵书《三十六计》开篇就写道："六六三十六，数中有

术，术中有数."这说明我国古人早已意识到数学与策略、方法之间的密切关系.

查阅已有文献的研究，比较详实地对方法进行阐释的有韩增禄的《"方法"概念初探》一文，该文多角度、多方面地总结阐释了"方法"的不同含义：

（1）方法是一条道路和途径."方法"一词，起源于希腊语，字面意思是沿着道路运动. 其语义学解释是指关于某些调节原则的说明，这些调节原则是为了达到一定的目的所必须遵循的.

（2）方法是一种程序和结构."研究科学的方法来自科学本身，来自研究科学的全过程. 有的科学家为了使他的作品精美，在做出结果后把'脚手架'拆掉，也就是把过程都删掉. 不过，我们可不能忘记：方法就是程序，就是过程，只有在那并不完美的过程中，才能找到完善的方法".

（3）方法是一种技巧. 著名数学家和数学教育家波利亚说过："一个想法使用一次是一个技巧，经过多次的使用就可以成为一种方法."

（4）方法是一种理论知识的实际应用. 苏联学者什托夫认为："理论和科学方法之间的区别是相对的，甚至可以说，科学方法就是理论的实际应用，就是行动中的理论."

（5）方法是问题的对立面. 方法都是相对问题而言的，有了问题，人们才会寻找解决问题的方法，没有问题就没有方法的产生，从这个意义上讲，方法就是问题的对立面.

（6）方法是一种工具和手段. 俄国生理学家巴甫洛夫指出："科学方法乃是作为客观世界主观反映的人类思维运动的内部规律性，或者也可以说，它是'被移植'和'被移入'到人类意识中的客观规律性，是被用来自觉地有计划地解释和改变世界的工具".

（7）方法是一种规则和标准. 我国古代《墨子·天志》云，轮人有规，匠人有矩，今轮人操其规，将以量天下之圆与不圆也，曰：中吾规谓之圆，不中吾规谓之不圆. 是以圆与不圆可得而知也，此其故何？是圆法明也. 匠人亦操其矩，将以度量天下之方与不方也，曰：中吾矩者谓之方，不中吾矩者谓之不方. 是以方与不方皆可得而知之，此其故何？则方法明也. 可见，"方法"一词即为度量圆形或方形之法，泛指一种标准和规则，又为一种行事之理.

上述关于方法的认识，各有其合理性. 概言之，我们认为，方法是指人们在认识和改造客观世界的过程中所采取的具有可操作性的手段、途径或行为规则的统称. 方法因问题而产生，因能解决问题而存在. 数学是研究客观世界的数量关系和空间形式的科学，数学方法是以客观世界的数量关系和空间形式为研究对象，发现、提出、分析以及解决数学问题（包括数学内部问题和实际问题）时采取的具有可操作性的各种手段、途径或行为规则的统称，即用数学的语言表达研究对象及其关系，经过推理、运算和分析，形成对问题的解释、判断和预言的方法．

关于数学方法的分类，不同的学者提出了不同的分类层次．张奠宙等将数学分为四个层次：第一层次是基本的和重大的数学思想方法，如模型化方法、微积分方法、概率统计方法、拓扑方法等；它们决定一个大的数学学科方向，构成数学的重要基础，我们感到这些重大的数学方法能和某个哲学范畴相联系，即数学方法是一些哲学范畴的数量侧面．第二层次是与一般的科学方法相应的数学方法，如类比联想、分析综合、归纳演绎等一般的科学方法，这些方法在用于数学时有它自己的特点．第三层次是数学中特有的方法，如数学等价、数学表示、公理化、关系映射反演、数形转换等方法，这些方法主要在数学中产生和适用（当然也可部分地迁移到其他学科），值得深入探讨；其中"关系、映射、反演"方法是徐利治先生的一项创造性概括，它为大家所一致重视，理所当然．第四层次是中学数学中的解题技巧，由于它的内容是初等数学，规律较为明确，又易于深入解剖，所以具有特殊的重要意义；另一方面，各种解题技巧的内容十分丰富，变化无穷，要概括起来也相当难．蔡上鹤认为，数学方法可以分为宏观的和微观的：宏观的包括模型方法、变换方法、对称方法、无穷小方法、公理化方法、结构化方法、实验方法．微观的且在中学数学中常用的基本数学方法大致可以分为以下三类：① 逻辑学中的方法．如分析法、综合法、反证法、归纳法、穷举法等，这些方法既要遵从逻辑学中的基本规律和法则，又因运用于数学之中而具有数学的特色．② 数学中的一般方法．如建模法、消元法、降次法、代入法、图像法（也称坐标法）、向量法、比较法、放缩法、同一法、数学归纳法等，这些方法极为重要，应用也很广泛．③ 数学中的特殊方法．如配方法、待定系数法、加减法、公式法、换元法（也称为中间变量法）、拆项补项法、因式分解法等，这些方法在解决某些数学问题时起着重要作用．邵光华等通过不同的分类标准，按照数学方法的用途分为两类：纯粹数学方法（基础数学领域中的数学方法，用于解决数学内部的问题）和应用数学方法（应用数学领域中的数学方法，用于解决数学外部的生产实际问题）；按照数学方法的适用范围分为特殊性数学方法和一般性数学方法，其中，适用于较窄领域或个别领域的数学方法为特殊性数学方法，适用于较多数学领域的数学方法为一般性数学方法．

数学方法的分类界定也比较模糊，我们认为，根据其抽象概括程度及适用范围，可以分为以下几类：

（1）基本的和重大的全局性数学思想方法．如化归思想、数学模型化思想、关系映射反演原则、公理化思想、极限思想等，这些方法作用的范围广，有的甚至影响着一个数学分支和其他学科的发展方向.

（2）逻辑学中的方法. 包括观察、分析、综合、类比、归纳、演绎、抽象、概括、联想、猜想等，它们不仅适用于数学，而且适应于其他学科领域.

（3）数学中的一般方法. 包括配方法、换元法、待定系数法、判别式法、割补法等，它们往往和具体的数学内容联系在一起，是解决某类数学问题的方法.

（4）数学中特殊的技巧方法（招术）. 如变形方法、放缩方法、拆项法等，是解决特殊问题的专用计策或手段. 这里重点分析"法"与"招"的区别和联系. 所谓的招术，是指解决特殊问题的专用计策及手段，纯属于技能而不属于能力. "招"的教育价值远低于"法"的价值，"法"的可仿效性带有较为"普适"的意义，而"招"的"普适"要差得多；实施"招"要以能实施管着它的"法"为前提. 例如：待定系数法在求解二次函数的解析式时是非常有用的"法"，可以根据图像上三个点的坐标求出，这是第一"招"；根据顶点和另一点的坐标求出，这是第二"招"；根据与 x 轴的交点与另一点的坐标求出，这是第三"招".

例如：解二元一次方程组的方法有四个层次：第一层次是化归思想，把未知的转化为已知，这是指导思想；第二层次是消元法，如何化归，消去一个元；第三层次是加减或代入消元法，即如何消；第四层次是变形方法，若选择了代入消元法，如何从一个方程中将一个未知数用另一个未知数表示.

1.1.2 　数学思想的认识

关于思想的认识，在现代汉语中，"思想"解释为客观存在反映在人的意识中经过思维活动而产生的结果.《辞海》中称"思想"为理性认识.《中国大百科全书》认为"思想"是相对于感性认识的理性认识成果.《苏联大百科全书》中指出："思想是解释客观现象的原则."综合起来看，思想是认识的高级阶段，是对事物本质的、高级抽象的概括的理性认识结果.

关于数学思想的认识，视角不同，差异较大. 如丁石孙在《数学思想的发展》一文中指出，数学思想就是人们对于数学的看法，这些看法包括：数学在人类的知识体系中所占的地位，数学与生产实践的关系，数学与其他学科的关系，以及数学发展的规律，数学研究方法的特点等；张奠宙等认为：数学思想尚不成为一种专有名词，人们常用它来泛指某些有重大意义的、内容比较丰富、体系相当完整的数学成果；曲立学认为，数学思想是人们对数学科学研究的本质及规律的深刻认识，包括数学科学的对象及其特征，研究途径与方法的特点，研究成就的精神文化价值及对物质世界的实际作用，内部各种成果或结论之间的互相关联和互相支持的关系等．邵光华从数学教育角度，认为数学思想应被理解为更高层次的理性认识，那就是关于数学内容和方法的本质认识，是对数学内容和方法进一步的抽象和概括．鉴于对已有研究的分析和理解，认为数学思想是对数学内容和方法的本质认识，是对数学规律的理性认识，是从某些数学内容和在数学的认识过程中提炼上升的数学观点，数学思想蕴涵于运用数学方法分析、处理和解决数学问题的过程之中，是建立数学和用数学解决问题的指导思想．

1.1.3 数学思想与数学方法的关系

首先，数学思想和数学方法之间的联系是必然的．数学思想和数学方法都与数学知识联系密切，数学思想是隐藏在数学知识背后的，有时称之为隐性数学知识，即数学思想是内隐的；而数学方法是以数学知识为载体的，是数学思想的外显表现．数学思想对于数学知识和数学方法具有巨大的凝聚力，是联系数学知识的桥梁和纽带，是运用数学方法解决问题时的指导思想．

其次，数学思想和数学方法之间的属性和功能是不同的．数学思想是对数学知识、数学方法的本质认识，具有导向性、统摄性、概括性的特点；数学方法是实现数学思想的策略方式，具有可操作性、具体性和可仿效性等特点，是数学思想的具体化反映．针对上例，可以看出，主导方向是化归思想，那么如何化归，具体的方法则是配方法和直接开平方法．

再次，数学思想的外化方式不唯一，即与同一数学思想相对应的数学方法可能有若干种．如：化归思想是解决数学问题常用的基本思想，那么如何化归，具体的方法有：通过语义转换实现化归、通过寻找恰当的映射实现化归等；而映射实现化归包括初等数学中的变量替换、换元、增量替换、等代换等．

最后，数学思想和数学方法之间具有相对性．一般来说，同一个数学成果，当注重操作意义，即用它去解决个别问题时，就称之为方法；当论及它在数学体系中的价值和意义时，就称之为思想．例如"极限"，用它去求导数、求积分时，人们就说"极限方法"；当讨论它的价值，即将变化过程趋势用数值加以表示，使无限向有限转化时，人们就讲"极限思想"了，于是也有"极限思想方法""数学思想方法"之类的提法．其实，数学思想和数学方法是不加区别的．M. 克莱因（M. Klein）的巨著《古今数学思想》，其实说的也是"古今数学方法"，只不过从数学史的角度看，人们更多注意的是那些数学大家们的思想贡献、文化价值，而较少从"方法"是否有用去考虑，因而才称之为数学思想.

总之,"淡化形式,注重实质",以数学知识为载体,以数学方法为手段,不断感悟数学思想和内化,真正领悟数学的精髓才是本质所在.

1.2 数学方法论发展简史

古往今来,凡是对数学做出重大贡献的数学家、哲学家和思想家都十分关注数学的发展规律以及它的思想方法和研究方法.数学思想方法的研究自古有之,并取得了一系列进展,然而长期以来,由于人们过于注重记述数学研究的事实与最终成果本身,而忽视总结、交流和刊发已取得成果的真实经过及其思想方法,致使数学思想方法的研究较分散,缺乏系统性,大体可以分为以下三个阶段:

1.2.1 数学方法论的萌芽(17 世纪中叶前)

人们对于数学方法的研究,在人类文明发展早期就已经开始了,该时期主要是数学方法的积累并使数学方法论有了萌芽.在这一时期,提出了许多零散的、个别的、具体的方法以解决数学中的实际问题.

1. 数学方法的积累

从远古时期到公元前 6 世纪,是数学的萌芽时期,也是数学方法产生和积累的时期.在此时期,人们根据生产和生活的需要,研究了丈量土地、天文历学、航海测量等许多实际问题,形成了自然数、分数、几何图形等概念;印度人创立了十进位计数法,在几何学中形成了简单的测量方法和实验方法,但仅局限于解决实际问题的个别的、具体的方法.

2. 数学方法论的萌芽

公元前 6 世纪到 17 世纪中叶,是常量数学时期,数学对象从实际事物的性质中抽象出来,理想化为数与形.另一方面,人们运用逻辑方法把零乱的数学知识整理成演绎体系,并引入自己的符号系统,使得数学在解决实际问题的过程中发展为独立的学科,形成了算术、几何、代数、三角等分支.在此期间,出现了许多的新的数学思想和方法.

如亚里士多德对观察、分类等方法进行研究,创立了形式逻辑推理的一般原则——三段论法;公元前 3 世纪古希腊学者欧几里得在其所著的《几何原本》中创立了公理化的思想方法;我国古代数学家刘徽在《九章算术》中记述了"割圆术"，以解决长期存在的圆周率计算不精确的问题，这已包含了极限思想的萌芽；英国数学家纳皮尔发明了对数方法. 人们对数学思想的不断研究以及数学方法的大量涌现，为数学方法论学科的形成奠定了基础.

1.2.2　数学方法论的形成（17世纪中叶至19世纪末）

1637年，法国数学家笛卡尔的著作《方法论》的发表，标志着数学方法论的初步形成. 17世纪至19世纪末，是变量数学时期，数学的研究对象从常量进入变量，由有限进入无限，由确定性进入不确定性，进而创立了一批具有突破性的思想方法，数学的某些分支也产生了较大的变革.

如几何学上非欧几何思想方法的产生；代数学中群论的思想方法，打破了人们在探求五次和五次以上代数方程的代数解法问题上百年来毫无进展的僵局；数学分析中出现了极限与集合论的思想方法；解析几何数和形结合的思想等.

1.2.3　数学方法论的建立和发展（20世纪初至今）

从数学发展的阶段来看，20世纪初以后通常被称为现代数学时期，数学的研究对象从现实世界的一般抽象形式和关系，进入到更抽象、更一般的形式和关系的研究. 这一时期，对数学思想方法理论的研究受到了普遍关注并得到迅速发展，相关的研究成果很多. 就数学思想方法本身来讲，最早系统发表见解的是德国数学家希尔伯特，他于1900年在巴黎国际数学家大会上的演讲，成为一篇重要的方法论著作，后人称之为希尔伯特23个问题. 法国数学家彭加莱发表了《科学与方法》一书，德国数学家赫尔曼发表了《数量方法论》一书，他们都对演绎法、归纳和假设做了系统的论述. 苏联 A. B 亚历山大洛夫的《数学——它的内容、方法、意义》从历史演变、发展的角度研究数学思想和方法；美国数学家 M·克莱因于1972年出版了《古今数学思想》；美籍匈牙利数学教育家、斯坦福大学教授 G·波利亚的《数学与猜想》《数学的发现》《怎样解题》引起了世界数学界的重视. 1969年日本著名数学家、教育家米山国藏发表的著作《数学的精神、思想与方法》系统论述了整个数学的精神思想与若干有效的数学方法.

我国数学教育界也陆续有一批数学方法论著作问世. 如：徐利治先生所著的《数学方法论选讲》《浅谈数学方法论》《数学方法论教程》；解恩泽、赵树智所著的《数学思想方法》；陆克毅所著的《中学数学方法论》、郑毓信所著的《数学方法论入门》；张楚廷所著的《数学方法论》；李玉琪所著的《简明数学方法论》. 之后，1996 年张奠宙、过伯祥所著的《数学方法论稿》；2009 年邵光华所著的《作为教育任务的数学思想与方法》；2010 年张英伯、曹一鸣等人著的《数学方法论选讲》；2016 年顾泠沅所著的《数学思想方法》，等等. 随着数学思想方法的蓬勃发展以及理论研究的深入进行，东北师大的史宁中教授在《漫谈数学的基本思想》一文中，结合数学自身的特点，明确提出数学的基本思想有：抽象思想、推理思想、模型思想. 同时还对这三类思想进行了细分，即由抽象思想派生出的有：分类的思想；集合的思想；数形结合的思想等；由推理思想派生出的有：化归的思想；演绎的思想；特殊与一般的思想等；由数学模型思想派生出的有：函数的思想；方程的思想等. 他还强调基本数学思想的一般性，要满足两条基本原则：一是数学产生以及数学发展过程中所必须依赖的那些思想；二是学习过数学的人多具有的思维特征. 由此可以看出，作为一门科学的数学方法论已向更综合、更全面的方向发展，逐步成为一门独立的数学分支和完整体系.

现在，作为教学科目的数学方法论，我国大多数高等师范院校的数学系已开设了数学方法论的选修课或必修课程. 随着基础教育改革的不断推进，数学思想方法的重要性日益凸现. 1978 年《全日制十年制学校中学数学教学大纲（试行草案）》首次指出："把集合、对应等思想适当渗透到教材中去，有利于学生加深理解有关教材，同时也为学生进一步学习做准备." 1980 年 5 月第 2 版时维持了上述规定. 1986 年 12 月《全日制中学数学教学大纲》改成一句话"适当渗透集合、对应等数学思想." 1990 年修订大纲时，维持了这一规定. 1992 年 6 月《九年义务教育全日制初级中学数学教学大纲（试用）》在教学目的中规定：初中数学的基础知识主要是初中代数、几何中的概念、法则、性质、公式、公理、定理以及由其内容所反映出来的数学思想和方法. 1996 年 5 月《全日制普通高级中学数学教学大纲（供试验用）》在教学目的中也规定：高中数学的基础知识是指高中数学中的概念、性质、法则、公式、公理、定理以及由其内容反映出来的数学思想和方法." 2001 年《全日制义务教育数学课程标准（实验稿）》在课程目标的总体目标中明确指出：通过义务教育阶段的学习，学生能够获得适应未来社会生活和进一步发展所必需的重要数学知识（包括数学事实、数学活动经验）以及基本的数学思想方法和必要的应用技能. 2003 年《普通高中数学课程标准》在课程目标中也指出：体会所蕴涵的数学思想和方法，以及它们在后续学习中的作用. 并在内容标准中首次提出算法思想. 《义务教育数学课程标准（2011 年版）》在总目标中指出：让学生获得适应社会生活和进一步发展所必需的数学的基础知识、基本技能、基本思想、基本活动经验. 基本数学思想发展为四基之一, 其重要性不言自明.

1.3 数学方法论与相关学科的关系

一切事物都处于普遍联系中, 对数学方法论及其相关学科的关系有所认识是必要的, 它是一门涉及面相当广泛的学科, 值得深入研究.

1. 数学方法论与哲学

首先, 哲学是世界观, 也是认识论, 而马克思主义的世界观与认识论又是认识世界和改造世界的根本方法, 因此, 马克思主义哲学是世界观、认识论和方法论的统一, 是最一般的方法论. 数学方法论作为科学方法论的一个特殊领域, 是科学认识规律在数学中的反映和总结, 其理论离不开马克思主义哲学思想的指导.

其次, 数学从人的需要中产生, 数学方法是人类智慧的结晶, 它依赖于社会实践和自身的矛盾运动, 解析几何、微积分等均是由实践的需要和数学内部的矛盾运动产生的. 同时数学的发展具有辩证性, 如数的概念和运算, 事实上, 它是在对立统一法则下建立起来的理论.

因此, 数学方法论与哲学密切相关.

2. 数学方法论与数学

对于数学方法论的研究, 一方面要以丰富的数学知识为背景材料, 另一方面要在对数学的纵向结构和横向联系的分析中揭示出蕴涵的思想、方法、原理与模式, 因而, 数学方法论要以数学科学为基本素材.

3. 数学方法论与逻辑学

数学方法论的实质是正确思维活动的过程, 而逻辑学是关于思维形式及其规律的科学, 它们之间有密切的关系. 数学方法是研究数学对象中各种具体思维形式和思维方法的特殊规律, 而逻辑学是研究所有科学的思维形式和思维方法的普遍规律. 其实逻辑学中的一些基本的思维形式和思维方法, 是建立逻辑学的基础, 同时逻辑学的理论对数学方法的发展具有指导作用. 如欧几里得几何就是在逻辑思维的指导下编写的.

4. 数学方法论与数学史

数学方法与数学是同时产生的, 数学方法的演变与数学科学的发展紧密相连. 因此, 探讨数学的发展规律, 探讨数学方法的产生和发展, 分析数学家的思维特点与方式, 研究数学人才成长的规律等, 都离不开对丰富的数学史料的分析，也只有在对数学史的研究中，才能充分揭示数学的发展规律，提炼出数学思想和方法的一般原则. 因此，数学史是数学方法论丰富的源泉和重要依据.

5. 数学方法论与思维学

数学方法实质是数学思维活动的方法，是数学思维活动的步骤、程序或格式，它体现人的意识的能动作用. 因此，数学方法论的研究离不开思维科学的规律.

6. 数学方法论与教育学、数学教育学

教育是一种社会现象，而教育学是研究教育现象及其规律的科学. 数学教育研究必须充分考虑社会现状及其要求，其相应的数学方法亦须不断更新，如算法、解析法、向量法、变换、概率等思想方法已走进中学数学课程.

在数学教育中，往往会出现"高分低能"现象，知识和能力之间有差异性. 大科学家爱因斯坦第一次考大学竟榜上无名，张广厚也曾因数学不及格而考不取中学，伽罗瓦两次投考数学系不成，杰出数学家华罗庚在遇到伯乐王维克老师之前是贪玩、功课常不及格的学生. 因此，教师在传授知识的同时必须考虑如何才能提高学生的能力，必须重视学生对数学思想方法的掌握，同时也必须重视教育理论的学习和研究，并以此作为数学方法论研究的理论基础.

7. 数学方法论与人才学

人才学是教育学的姐妹学科，其根本目的是培养人才. 作为数学教师，应以培养人才为己任，因此，学习人才学的相关理论也是必要的. 如研究数学人才的类型、成长和发展规律、群体结构等，这有利于教师有意识地引导学生掌握数学思想和方法，因为数学家的主要特长不是掌握了多少知识，而是掌握了哪些数学的思想和方法.

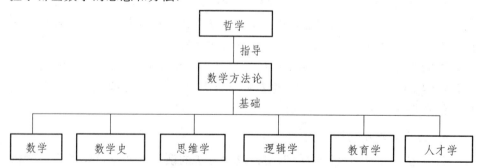

人才团是重要的社会现象，人才团有家族型、师徒型、学派型、传统型. 其中，家族型如：三国时期的"三曹"、宋朝的"三苏"、居里夫人及其女儿、

贝努利家族；师徒型如：苏格拉底—柏拉图—亚里士多德、熊庆来—华罗庚—陈景润；学派型如：毕达哥拉斯学派、布尔巴基学派、哥廷根学派；传统型如：法国数学界有一批数学家，笛卡尔、费尔马、拉格朗日、柯西等. 研究学派的形成和发展及其具有的特征，不仅是数学方法论的研究范畴，同时也能得到思想方法上的启迪，更重要的是分析数学家成功的因素，使数学教师从中受益.

1.4　数学方法论研究的内容与意义

1.4.1　数学方法论研究的内容

方法论就是把某种共同的发展规律和研究方法作为讨论对象的一门学问. 首先，从数学发展的历史出发，研究数学发展有什么规律，如近世代数中群、环、域内容的讨论是建立在公理体系基础上的，初等代数中自然数系的皮亚诺公理，等等，由此可以看出，公理化方法是数学发展的一种重要规律和思想. 因此，研究和讨论数学发展的规律是数学方法论的研究范围之一.

其次，无论从代数学、几何学，还是从三角函数分支看，其中均蕴涵着化归思想方法. 如高次方程通过降次低次化，多元方程通过消元一元化，均是典型的化归思想，其中加减消元、代入消元则是基本的消元方法. 将立体几何问题化归到平面上来解决，即将面面关系化成线面关系，将线面关系化归成线线关系；将平面几何中的多边形内角和化归成三角形的内角和，其中分割法是基本的化归方法. 因此，数学思想方法也是数学方法论的研究对象.

再次，要从著名数学家的成名、成才过程，以及他们进行数学发明或发现的过程中探讨一些法则或规律，并以数学史为主线，结合数学的发展来探讨.

最后，数学思想方法在数学教学中的重要性以及如何渗透的教学策略研究也是值得关注的.

基于以上认识，从目前国内外已有资料可以发现数学方法论的大致研究内容及其研究方向：

（1）数学发展的规律性及趋势.

（2）数学家的数学思想方法论.

（3）发现数学命题并证明数学命题的方法（观察、实验、比较、分类、归纳、类比等）.

（4）解答数学问题的方法（化归方法、数学模型化方法、关系—映射—反演等）.

（5）建立数学体系的方法（公理化方法等）.

（6）奠定数学基础的方法（悖论、三次数学危机、数学基础的三大学派）.

（7）数学发明创造的心智过程及数学美的研究.

（8）中学数学方法论（函数、方程、特殊化、一般化、抽象化、具体化等）.

（9）数学方法与数学教学的研究（如何挖掘教材、如何渗透等）.

1.4.2　数学方法论研究的意义

1.4.2.1　有利于数学发明创新，促进数学的发展

就国外情况看，英国、法国、德国、美国等国家的科学家一贯重视科学方法论的研究，他们对现代科学和数学的贡献都很大. 其实，大凡世界著名的科学家、数学家，也都是方法论的大师，他们重视并善于运用方法论指导科研和教学.

法国哲学家笛卡尔，十分重视数学方法论的研究，他创立的坐标法把长期分道扬镳的数与形结合了起来，实现了数学思想与方法的重大突破，这不仅导致了解析几何的创立，为微积分的诞生奠定了理论与方法的基础，而且还大大促进了 18、19 世纪数学的发展. 庞加莱、阿达玛都写过方法论和论数学发明创造等方面的专著；法国的布尔巴基学派提倡结构主义，振兴了法国数学，法国也因此被誉为函数论王国及人才辈出的国家，其实，这与他们一贯提倡方法论是分不开的.

德国的莱布尼兹、克莱因也重视和提倡数学方法论研究. 德国的哥廷根学派重视数学史和数学方法论的研究，因此成为世界方法论研究的中心；若不是伴随着方法论的突破，爱因斯坦的相对论也难以创立.

英国的牛顿是力学家，又是微积分的发明人，他之所以能做出如此巨大的贡献，是因为他对方法论的造诣很深. 他一贯重视实验、观察、分析、综合等方法的应用，现在英国有一所开放性大学，就成立了"数学方法论"研究中心. 这里值得一提的是美籍匈牙利数学家波利亚，他受教于方法论大师希尔伯特，深受方法论的熏陶. 他于 20 世纪 30 年代由欧洲去美国时，发现那时美国的数学水平很低，于是向美国当局提出提高全美数学教学水平的设想，并利用假期举办讲习班；他提倡用方法论的观点改革教学教育，并整理出版了《数学与猜想》《数学的发现》《怎样解题》等几部方法论巨著；其学说影响了整个一代人的思想，使当时美国的数学水平逐渐接近于欧洲，成为数学大国，美国政府也因此对波利亚非常感激，给他很高的声誉，被斯坦福大学授予终身名誉教授. 大数学家欧拉在科学上取得如此宏伟的业绩，其中主要原因也是

重视对数学思想方法的研究，他所取得的成就与他高超的、创造性的思想方法是分不开的，这些方法主要包括：实验归纳、类比联想、抽象分析等. 由此可看出，研究和学习方法论是数学发明创造的源泉，是数学发展的基础.

1.4.2.2 有利于提高师生的整体素质，促进数学学习和数学人才的成长

目前，我国的数学教育尽管也有相当的规模和实力，但获得世界一流的研究成果却为数不多，也没有形成若干有自己思想和特色的学派，这与对数学方法论的重视程度很有关系. 因此，"八五"期间，国家教委专门课题立项，以贯彻数学方法论的教育方式，全面提高学生的素质（MM 实验）.

我国中学生在 IMO 和 IAEP 的测试中，获双科冠军，但科学测试却居于中下游水平，这暴露出我国学生在解决实际问题能力方面还很薄弱，他们沉醉于解题，而关于如何应用却很少问津. 中学生常常叹惜，课听懂了，但就是不会做题，也就是说，他们对于由知识形成知识链，再上升到方法还没有形成意识. 中学生也常常反映，我做了 100 道这样的题，可今天考的是 101 道题. 我国有一个典故，说："古代有一个农夫，心地善良，待人和善，助人为乐，感动了上帝. 神仙下凡后准备给他回报，点石成金，点一下出来许多金子，再点一下，又出来一幢豪华住宅，但农夫拒绝要. 神仙说：'你要什么呢?'农夫说：'我要你的指头（方法）'."其实，这则故事说明了方法的重要性.

一个人数学学习的优劣和数学才能的大小，往往不仅在于其所掌握的数学知识的多寡，更在于他所具有的数学思想和方法的素养，也就是能否领会贯穿于数学中的精神、思想和方法，以及能否灵活运用它们解决各种实际问题和进行数学发明创造. 这是人所共知的事实.

人们获得知识大体上有两条途径：一种是学习前人已经获得的旧知识；另一种是通过实践探索和理论研究获得的新知识. 前一种属于继承，后一种属于创新. 但无论继承还是创新，要有效地获得知识，都需具备数学方法论的素养. 掌握数学方法论的基础知识，不仅有利于学生加深对数学知识的理解，而且有助于学生掌握数学理论和数学方法的精神实质，从而提高分析问题和解决问题的能力.

1.4.2.3 有利于培养坚持真理、勇于创造的品质，以及良好的心理素质

通过了解数学家成功的因素，培养学生良好的心理素质和学习研究的氛围.

如希尔伯特，是横跨 19 世纪至 20 世纪的最杰出的数学家之一，他出生于德国的哥尼斯堡（现为俄罗斯的加里宁格勒）. 希尔伯特 1880 年考入哥尼斯堡大学，选修了数学专业，1884 年大学毕业后，通过了博士考试并留校任

教，31 岁升为教授. 中青年时代，他曾在代数不变式论、数论、几何基础等方面做出了贡献；中年以后，他发展了变分法、积分方程、函数空间理论、数理逻辑、证明论等分支. 1900 年，年仅 38 岁的希尔伯特就在国际数学家大会上以卓越的远见和洞察力，提出了数学上现在仍未解决的 23 个问题，也正是这 23 个问题推动了一个世纪以来数学的发展，也使他成为哥廷根学派的领导者. 希尔伯特在数学上获得了巨大的成功，成为出类拔萃的人，那么是否是天资超人所致？事实并非如此，起码在他早年不是那样. 和别人比起来，他承认自己是比较愚笨的孩子，家长和亲戚也没有赞扬过他，那么希尔伯特成功的原因是什么呢？除了他有坚强的毅力外，我们还是从其生活、学习和工作的环境里寻找根源吧.

1. 文化传统的影响

希尔伯特的故乡哥尼斯堡建于公元 13 世纪，那是一座著名的大学城，数学史上著名的七桥问题成为当地家喻户晓的美谈. 该城位于布勒尔河两条支流之间，那里有桥连着一个岛和半个岛，闲暇之时，人们常到桥上散步，于是有人提出问题：能否一次不重复地走过七座桥. 这个问题激发了哥尼斯堡人的好奇心，他们都热衷于解决它，但谁也没有得出答案来，于是写信请教在彼得堡工作的大名鼎鼎的数学家欧拉. 欧拉运用抽象分析的方法解决了该问题. 欧拉的智慧、为人和学识，在希氏心目中留下了深刻的印象. 哥尼斯堡这座古老的大学城，对希尔伯特的影响很大. 另外，岛上还有大哲学家康德的墓地. 每年，康德诞生的 4 月 22 日这天，母亲总是带着小希尔伯特到康德墓地瞻仰他的半身像，还让他一字一句地拼读刻在墙上的康德格言，许久才慢慢离去. 这对培养希尔伯特自小爱科学、立志攀高峰，无疑有着潜移默化的影响，这里的自然环境和文化传统对希尔伯特的成长具有得天独厚的条件.

2. 家庭环境的影响

希尔伯特的父亲和祖父都是当地普通的法官，母亲出身于普通商人家庭，但她爱好哲学、数学和天文学，尤其对质数怀有特殊的感情. 母亲的这一特殊爱好影响了希尔伯特. 他不顾父亲的反对，从小喜欢钻研数学，上大学选择了数学专业，家庭环境的影响对希尔伯特的成功起到了一定的作用.

数有很多有趣的结论. 如完全数，即等于其真因子之和的数，如 6=1+2+3，28=1+2+4+7+14；亲和数，如 284 和 220（亲和数又叫友好数，它是指这样的两个自然数，其中每个数的真因数之和等于另一个数，如 220 的真因数：1、2、4、5、10、11、20、22、44、55、110，其和为 284；284 的真因数：1、2、

4、71、142，其和为 220）．毕达哥拉斯曾说："朋友是你灵魂的情影，要像 220 与 284 一样亲密．""什么是朋友？就像这两个数，一个是你，一个是我"．220 和 284 是人类认识的第一对相亲数，又是最小的一对相亲数．

3. 社会舆论的影响

希尔伯特上小学二年级的时候，闵可夫斯基一家从俄罗斯搬到哥尼斯堡，和希尔伯特的家只有一河之隔．闵可夫斯基兄弟三人，当时被称为三个奇才，他们才华出众，性格迷人，在哥尼斯堡是出了名的．闵可夫斯基比希尔伯特小两岁，人称小神童，是数论中"数的几何"一支的创始人．他出众的数学才能对希尔伯特产生了一种心理上的压力，连希尔伯特自己也觉得比人家差得很远，以至于父亲不得不劝告他，不要同那样才华出众的人交朋友，以免被人瞧不起．但他不这样看，他有自己的见解，人们对闵可夫斯基三兄弟的赞扬，特别是小神童的天才闪光，反而激励了小希尔伯特．这是其成功所具备的心理素质．闵可夫斯基 17 岁时，解决了"将正整数表示为五个平方数的和"这一难题，因而同英国老数学家赫利·史密斯一起获得了巴黎科学院的数学大奖，闵可夫斯基也因此更出名．但希尔伯特并不介意，他们互相学习，终于结为终生最要好的朋友．也就是说，尽管希尔伯特和闵克夫斯基早年在智力上有明显差异，但经过努力，最终成为与闵克夫斯基相提并论的数学家．其实，在整个数学的贡献上，希尔伯特还远远超过了闵克夫斯基．这说明天资并不起决定作用，只要努力，先天不足也是可以弥补的，甚至还会有更大的成就．因此，社会舆论、善于结交朋友、受到朋友和邻居及同事的有益影响对希尔伯特的成功起到了一定的作用．

4. 学校教育的影响

哥尼斯堡的学校不仅注重基础教育，重视思维训练，而且还有祥和、自由的学习氛围和生动活泼的学术研讨风气，这使得希尔伯特如鱼得水．语文、语法、算术等科目的基础训练，让学生有条不紊地思维，以及培养正确表达思想的方式使学生们的受益颇多．哥尼斯堡大学学术研究气氛很浓，数学研究的气氛更浓，著名数学家雅可比、维尔斯特拉斯等都曾在那里任教，从而使该校成为数学研究的中心．

希尔伯特的成长和发展还在于良师益友的切磋与协调．有一位只比希尔伯特大 3 岁的老师赫尔维滋，非常器重希尔伯特和闵科夫斯基，三人成为最要好的朋友．他们约定：每天下午 5 时整相会，然后一起到苹果园，散步并讨论问题，交流思想和心得体会，他们几乎每一次都满意而归．正是他们三人的这些切磋和协调才让希尔伯特在才、学、识方面迅速成长．

当时哥尼斯堡大学常开设一些崭新的数学科目，希望把年轻人很快带到数学研究的前沿阵地，以便让他们从事开拓和创造性的工作．此外，这个学校的一些教学方法也很有启发．希尔伯特曾选费克斯先生的"线性微分方程"课程，这位教授讲课的方式、方法给了年轻人很大的启示．费克斯先生可能没有备课的习惯，往往是现讲、现算、现推，因而常常使自己处于困难和尴尬的境地，然而正是这位教授的现身教法，使学生们看到了高明的数学思维过程是怎样进行的，从而获得生动的教益．这也启发我们，如何建立良师、同学、朋友之间的关系，以形成良好的心理素质．

1.5 数学方法论的研究方法

数学方法论的研究以定性为主，分宏观（考虑数学以外的因素）和微观（数学本身因素）两方面．

数学方法论的研究离不开一般的数学方法（如：极限、坐标法、数学归纳法等），也离不开那些在某一数学分支中用于处理一些个别问题的数学方法（如：克莱姆法则、求极限的方法、洛必达法则等）．

从数学方法论的观点讲数学方法，就是要讲清楚这些数学方法是怎样历史地产生，怎样发展和完善起来，又是怎样十分奏效地解决数学问题的，即在数学学科中的地位和作用，以及方法论的意义和特点．如极限理论，作为数学内容而言，包括极限的严格定义、运算法则、存在的判定，并以此建立的严格的微积分体系，以及展开的导数研究．

从数学方法论角度讲极限理论，就要进行教学法加工，要追溯其起源（穷竭法、割圆术、无限分割论），要追溯到牛顿、莱布尼兹在微积分研究中遇到的逻辑困难，以及柯西等人对已有微积分的奠基工作等．康托建立的实数理论，后来成为极限的可靠基础．极限法在方法论意义上的重要特征是它体现了过程与结果的对立统一，是一种从有限过程中求无限过程和结果的数学方法．

从方法论的角度讲数学，重在研究分析问题和思考问题的方法，侧重数学问题认识过程的分析，从而启发人们创造性地思维，探讨和研究寻找真理、发现真理的手段．

2 数学发展的规律和趋势

按照数学方法论的意义，数学方法论首先要研究和讨论数学发展的规律. 因此，本章从数学史的角度探讨数学发展的规律、特点和趋势.

关于数学史的分期涉及按怎样的线索来描述数学发展的历史，通常有按时代顺序、数学对象、方法本身的质变过程、数学发展的社会背景等不同的线索来分期. 但数学的发展是一个错综复杂的知识过程与社会过程，单一的线索难免会有失偏颇，现在大家比较认可的分期有：

（1）数学的起源与早期发展时期（公元前 6 世纪前）；

（2）常量数学时期（初等数学时期）（公元前 6 世纪 ~ 16 世纪末）；

（3）变量数学时期（近代数学时期）（17 世纪 ~ 19 世纪 20 年代）；

（4）现代数学时期（19 世纪 20 年代至今）

从数学发展史的四个时期到现今的数学体系，其发展遵循一定的规律，本章从探讨数学发展的主要规律、19 世纪以来数学发展的特点和趋势以及数学发展的方法三个方面展开研究.

2.1 数学发展的主要规律

2.1.1 数学发展的实践性

恩格斯曾指出："数学是在人的需要中产生的". 人类的实践活动是数学不断发展的动力，因此，数学发展的实践性是数学发展的主要规律之一. 这里所讲的数学发展的实践性有两层含义.

1. 生产力发展的需要是数学发展的最基础动力

社会生产力主要体现于人们的生产活动之中，并在社会生产过程中不断提出需要数学解决的实际问题，这些问题的解决直接推动了数学的发展. 如几何、算术、代数的产生都起源于实际生活和生产力的需要. 九章算术中的许多问题都是生产中的实际问题；解析几何的产生解决了行星绕日运行轨道，微积分产生于瞬时速度、瞬时变化率，求曲线的切线、曲面面积等问题.

2. 社会活动的需要是数学发展的重要动力

人的社会实践不止生产活动一种，政治斗争、科学实践、保险、医疗等其他社会活动都有需要数学解决的实际问题，从而促进数学的发展. 古希腊数学的产生、九章算术的产生都起源于当时社会生活中的主要问题，其中，"衰分"一章涉及关税、罚款、利息、粮食买卖等问题. 概率论起源于保险事业、赌博等社会活动. 数学在军事上也有重要应用，作战理论本身就用到了数学. 如英国的兰彻斯特作战理论就是利用数学模型表述的，海湾战争事实上就是数学战. 用数学方法研究作战过程的理论就是在战争中发展起来的，这对数学的发展是一种促进. 医疗上的 CT 也是数学研究的成果. 又如，人类的一种"异化了"的活动——赌博也曾对数学的发展起过一定的作用，并导致概率论的发展. 当然，概率论还是起源于保险事业的发展，但引起数学家思考概率论的一些问题却是赌徒的请求. 帕斯卡、惠更斯的概率论著作《论赌博中的计算》是最早的概率书. 宗教活动也影响着数学的发展. 如几何中的三大难题：倍立方问题、使正方体体积为原单位正方体体积的 2 倍问题、几何作图不可能问题，都起源于把正方体的祭坛扩大一倍.

然而，战争对数学的发展不仅有促进作用，还有严重的破坏作用. 如波兰数学学派在第二次世界大战前是一个强大的学术团体，希特勒入侵波兰，使许多数学家有的在战争中病死，有的被害，失踪的数学家近半数，这导致学派分崩离析，严重阻碍了数学的发展. 国家政策等的制定也直接或间接地影响数学的发展. 由此可以看出，生产实践、社会实践的需要是数学发展的动力.

目前，数学教科书的编写着重对结论本身的关注，而对结论的获得过程和背景却很少问津. 事实上，数学发展同其他各门学科一样都有一个由简单到复杂、由低级到高级、由不完善到完善的过程，其发展不是一帆风顺的，是充满艰辛与曲折的，这称为数学发展的曲折性，它是数学发展的又一规律.

2.1.2　数学发展的曲折性

数学发展的曲折性分为正常曲折和非正常曲折.

正常曲折：由认识规律决定的曲折，是客观的、必然的、不可克服的、可以认识的. 因为认识规律，从"实践→认识→再实践→再认识"不是一次完成的，其本身就是曲折的.

非正常曲折：认识规律以外的因素造成的曲折，是偶然的、主观的、可以克服和消除的.

2.1.2.1 正常曲折

造成数学发展正常曲折的原因是多方面的，归纳起来主要有如下三点：

1. 历史条件的限制

早在古希腊时期，阿基米德等人在解决数学问题时，就提出了十分接近微分和积分的计算方法，给出了微积分的原始雏形．阿波罗尼对圆锥曲线进行了较为系统的研究，撰写并发表了《圆锥曲线论》，书中将用平面去截某圆锥得到的交线称为"椭圆""抛物线""双曲线"等，但这些新的思想和成果在17世纪以前未能得到进一步的研究和发展．其主要原因是在当时的生产实践及生活实际中提出的大量问题，用常量数学即可解决，或者说，缺乏实践上的迫切需要．到了17世纪，生产实践与科学技术有了巨大的发展，向数学提出了一系列急需解决的新问题．航海事业的发展要求研究船舶在海洋中的运动规律；采矿事业的发展要求把握地下流水和通风的规律；战争要求认识子弹运行规律，等等，这些问题的突出特点是要求从运动、变化的观点来研究，而对这些问题，常量数学是无能为力的．于是，人们开始冲破常量数学的束缚，对数学方法进行了变革，笛卡尔把变数引入数学，牛顿和莱布尼兹于17世纪下半叶大体完成了微积分的创始工作．数学上的这些进展，并不是单纯地由笛卡尔、牛顿、莱布尼兹等数学家的天赋决定的，而主要与当时的生产实践、科学实验及科学技术的发展水平有关．

2. 新思想与已有理论的矛盾产生了认识上的分歧

数学新思想随着数学的发展不断产生出来，当这些新思想产生之后，人们又立刻发现它往往与既有的数学理论或观念不相一致．如负数大约产生于15世纪，但由于人们固守已有的正数概念，对它在相当长一段时间内既不理解，也不承认．16、17世纪，法国数学家韦达公开提出应把负数从数学中驱逐出去；德国数学家史提非把负数斥为"荒谬的数"；法国数学家帕斯卡认为，从较小的数减去较大的数，尤其是零减去某数，这是"纯粹的胡说"．当时还有些数学家虽然同意使用负数，但不承认它是真正的数，认为它只是一个符号而已；意大利数学家卡当在解方程时使用了负数，但认为它是一种虚拟的根，是不存在的，只是一个符号；法国数学家笛卡尔也认为负数是不存在的，称它表示的根为假根．当然也有些数学家不同意上述见解，认为负数是存在的，是真正的数，应予以承认．英国数学家华利斯主张负数是存在的，但他对负数的具体解释是不对的，认为负数并不小于零，而是大于无穷大；意大利数学家邦别利认为，负数在计算中是有用的，应承认它，并允许它作方程的根．到了18、19世纪，对负数概念仍存在不同的争论，得不到数学界的一致公认. 英国数学家马赛雷对负数一直持否定态度, 并在《专论在数学中使用负号》一文中指出, 就是因为有了负数, 方程的理论才被搞得"稀里糊涂""晦涩难懂""玄妙莫测". 他说: "代数里决不允许有负数, 或者说应再一次把它们从代数里驱逐出去, 否则会使代数就其本性而言, 在简洁明了和证明能力方面, 成为不亚于几何的一门学科." 在马赛雷看来, 负数是不允许存在的, 因为它把美好的代数学搞得一团糟. 直到 19 世纪 30 年代, 仍有数学家对负数不理解. 英国数学家莫根在《论数学的研究和困难》中, 一再表示只要涉及负数, 就会出现矛盾或谬误, 负数是虚构的、不可思议的. 不过 19 世纪, 人们对负数这一概念基本上取得了大体一致的认识, 即使后来仍有像莫根这样的反对者, 但已不影响负数被确认为真正的数这一定局.

在数概念的发展过程中, 对无理数、虚数等的认识也曾长时间存在分歧, 对非欧几何等的认识存在一个由分歧到统一的过程. 究其原因是多方面的, 也是极其复杂的, 但从认识的角度看, 就是人们对既有的理论总是深信不疑, 甚至形成了一种观念, 使得既有理论不得违背. 而一些新思想出现以后, 由于与一些旧观念相抵触, 加之新思想初期缺乏实践的充分证实, 因此人们往往固守已形成的传统观念, 反对新思想, 从而产生认识上的分歧, 使数学发展出现曲折.

3. 数学认识是一个艰难曲折的过程

数学认识的目的在于发现数学真理. 而发现数学真理绝非易事, 往往要经历一个充满艰难与曲折的过程. 事实上有许多数学问题, 解决起来是十分复杂的, 其途径往往是曲折迂回的, 即使现在看来很简单的数学问题, 但这个问题的首次解决, 也常常要经历一个艰难而漫长的探索过程. 具体体现在:

（1）有的数学问题经过长期努力才能获得解决.

1664 年费尔马提出猜想, 当 n 为自然数时, $F(n) = 2^{2^{n}} + 1$ 为素数; 经过 68 年, 欧拉举出反例否定了它 ($n = 5$ 不成立). 1840 年莫比乌斯提出猜想, 在平面或球面上画地图, 只要有四种颜色就可以保证相邻的区域不用同一种颜色; 1976 年阿佩尔·黑肯等用电子计算机证明了这一猜想是正确的, 其间间隔 136 年. 公元前 3 世纪, 人们提出猜想, 欧氏第五公设可证; 19 世纪 20 年代, 高斯、罗巴切夫斯基、黎曼、亚鲍耶证明了这一猜想不成立, 经过了 2000 多年. 可见, 在数学猜想这样的问题中, 从提出问题到解决问题, 有的需要几年、十几年, 有的需要几十年, 乃至成百上千年.

（2）有的数学问题经过多次反复才能做出判定.

历史上著名的费尔马大定理: 当 $n > 2$ 时, $x^{n} + y^{n} = z^{n}$ 无正整数解. 1637

年由法国数学家费尔马提出，其间经过多次反复，有的宣告证明，但之后又被否定．1993 年 10 月在上海科学会堂，冯克勤教授报告说它被德国一位青年证明，但证法仍在审读之中（模、椭圆积分等），其间历经 356 年．

（3）有的数学问题，经过大量工作仍未终结．

如著名的哥德巴赫猜想，早在 1742 年由哥德巴赫提出（他在欧洲访问期间，结识了贝努利家族，对数学研究产生了兴趣，和欧拉保持长达 35 年的书信来往），但哥德巴赫自己无法证明它，于是就写信请教赫赫有名的大数学家欧拉帮忙，欧拉也无法证明．

在一次观察中发现：

$$3+7=10，3+17=20，13+17=30，$$

等式右端为偶数，左端为素数，反之一个偶数可否表为两个奇素数之和呢？

$$4=2+2，6=3+3，8=3+5，10=3+7，12=5+7，18=7+11，$$

猜想任何大于 2 的偶数可表为两个素数之和．数学家们在这方面做了大量工作，但至今无人能证明其正确性，也无人能举例推翻它．现在，经过许多数学家的努力已取得许多有价值的成果，其中最好的结果是陈景润得到的定理，即任何充分大的偶数可表为一个素数及一个不超过两个素数的乘积的和．

"$a+b$"问题的推进：

1920 年，挪威的布朗证明了"9+9"；

1924 年，德国的拉德马哈尔证明了"7+7"；

1932 年，英国的爱斯斯尔曼证明了"6+6"；

1937 年，意大利的蕾西先后证明了"5+7""4+9""3+15"和"2+366"；

1938 年，苏联的布赫斯塔勃证明了"5+5"；

1940 年，苏联的布赫斯塔勃证明了"4+4"；

1956 年，中国的王元证明了"3+4"，稍后证明了"3+3"和"2+3"；

1948 年，匈牙利的瑞尼证明了"1+c"，其中 c 是一很大的自然数；

1962 年，中国的潘承洞和苏联的巴尔巴恩证明了"1+5"，中国的王元证明了"1+4"；

1965 年，苏联的布赫斯塔勃和小维诺格拉多夫，以及意大利的朋比利证明了"1+3"；

1966 年，中国的陈景润证明了"1+2"．

2.1.2.2 非正常曲折

数学发展除正常曲折外，还有认识规律以外的因素造成的曲折，即非正常曲折．那么造成数学发展非正常曲折的原因与表现是什么呢？

1. 学阀权威抑制数学新秀的成长

数学权威是科学发展到一定阶段的产物，是数学进一步发展的核心力量和引路人，是极其宝贵的财富．然而，其中个别的数学权威染上了"学阀作风"，对某些年轻的数学新秀不是热情扶植，而是有意非难和压制．

1829 年，年仅 28 岁的法国数学新秀伽罗瓦，完成了关于群论方面的研究论文，并将它的论文送交法国科学院审查，当时科学院派数学权威柯西对伽罗瓦的论文进行审查，然而柯西却弃之一旁．1830 年，伽罗瓦又将论文交给法国科学院秘书傅立叶审阅，可是傅立叶不仅没看，反而把论文弄丢了．1831 年，伽罗瓦又将论文交给法国另一位数学家泊松，泊松看后，认为结论正确，但建议科学院否定这一成果．这样一来，伽罗瓦十分重要的研究成果一再受到数学权威的冷漠和压制，直到 1846 年，即伽罗瓦逝世后的 14 年，才公之于世．

更为严重的是有的数学权威对自己的学生采取排斥、反对和攻击的态度．19 世纪下半叶，德国数学家康托创立了集合论，为数学发展做出了划时代的贡献，他本应受到数学界的重视，然而他的集合论思想，却遭到他的老师——数学家克隆尼克的强烈反对和攻击，还说康托的研究是一种"危险的数学疯病"，到处攻击康托，长期扣压其论文不予发表，康托在其无情攻击下，精神上受到极大刺激，患了精神病，1918 年死在精神病院里，过早地丧失了创造力．这不能不说是数学史上的一件憾事．

2. 嫉妒行为延缓对数学成果的确认

嫉妒的思想和行为是阻碍数学发展的一种消极因素，也是造成数学发展非正常曲折的一个重要原因．这种行为不仅影响数学发展的进程，而且常常延缓对数学成果的确认．

19 世纪 20 年代，挪威青年数学家阿贝尔撰写了《论一类极广泛的超越函数的一般性质》一文，在椭圆函数理论研究上取得了重大成果，他将论文交给法国科学院审查（柯西和勒让德），然而柯西根本未看，而勒让德是长期从事椭圆函数理论研究的权威，本应对论文重视，但却一直采取冷漠态度，始终不肯发表意见，这主要出于对阿贝尔的嫉妒，不想支持涉及他的世袭领地的新成果．勒让德把论文转给雅克比后，雅克比认为这是了不起的发现，并严厉批评勒让德的态度，而勒让德说，论文无法阅读，几乎用白墨水写成，字母拼写得很糟．

在柯西和勒让德的轻视和排斥下，阿贝尔将论文交给法国科学院一年多，杳无音信．对于专程从挪威到巴黎等候结果的阿贝尔，因一年多的等待，心情沉重，加上交不起房租和伙食费，身体一天天消瘦，后来患上了可怕的肺结核，十分悲观地回到挪威，年仅 27 岁的阿贝尔病死在了家乡，这一成果整整推迟了 15 年才被确认.

3. 错误哲学观念诋毁创造力

从历史上看，确有一些数学家由于受唯心论、形而上学等错误哲学观念的支配，不但极大地阻碍了其在数学研究上继续做出成果，甚至由此诋毁了自己的数学创造力，中止了人生. 如法国数学家、物理学家帕斯卡，在数学研究上取得了突出成就，创立了射影几何，后又与费尔马等人一起建立了概率论和组合论的基础，还发表过算术级数和二项式系数的论文，研究了二项式展开的系数规律，计算了三角函教、椭圆积分，设计与研制了一种二进制算术运算器，为后来计算机的设计建立了初步原理，可以说帕斯卡是当时杰出的大数学家之一. 但由于其受宗教神学的严重束缚，对宗教教义与神学理论深信不疑，主张信仰高于一切，提出什么"微妙的精神"优于"几何的精神"，并力图调和宗教信仰与数学的理性主义. 后来，他逐渐地放下了数学研究，禁锢在宗教神学之中. 他用一根带刺的腰带扎在身上，当发现自己产生对宗教神学不虔诚的邪念时，立刻用腰带刺痛自己，以示惩罚. 由于长时间的精神刺激与肉体折磨，极大地损害了他的身体，致使他过早地离开了人世，年仅 39 岁的帕斯卡临终前还坚信地说："愿上帝与我同在!"可见，宗教神学诋毁了帕斯卡旺盛的数学创造力，唯心主义世界观窒息了帕斯卡这位数学天才，正如英国著名科学史家亚·沃尔夫所说的："帕斯卡显示了早熟的数学天才，但是他在这方面的活动受到了宗教禁忌的阻碍，并以他的夭折而告终. 尽管如此，他还是使数学和物理学的若干不同分支取得显著进展".

4. 不良心理阻碍新发现面世

数学发展史表明，有些数学家具有极高的数学才能，并做出了突出贡献，但当在心理上产生不健康的因素时，便一反常态，不仅做不出更多的成果，而且有时即使取得了成果也会阻碍它早日问世，使数学发展受到阻碍. 胆怯这种心理上的不良因素，一旦在数学家的头脑中占据支配地位，就会大大阻碍数学研究和发展的进程. 如德国数学家高斯号称欧洲的数学王子，早在 18 世纪末叶就产生了非欧几何的思想，后来又陆续取得许多重要成果，实际上已创立了一门新的几何学即非欧几何，然而由于他产生了一种胆怯心理，总是怕发表后引起"庸人叫喊"，影响自己数学权威的声誉，故长期不敢公之于世，使这一重要发现推迟了近半个世纪. 1840 年高斯见到罗巴切夫斯基关于非欧几何的论著，当时既高兴又不敢公开称赞，既写信给朋友高度评价罗巴切夫斯基的成就，又告诉朋友不准泄露自己关于非欧几何的发现，表现出十分矛盾的心情. 心理上的障碍和思想上的顾虑，使高斯的重大发现迟迟不敢问世，给数学发展造成难以弥补的损失.

5. 保守思想限制数学新思想的传播

在数学发展过程中，始终存在着先进思想与保守思想的矛盾和斗争，保守思想有时会形成一股强大的传统势力，阻碍数学新生事物的成长，限制数学新思想的传播，给数学发展和研究造成困难和曲折. 1825 年罗巴切夫斯基在俄国喀山大学物理数学系学术会议上宣读了关于非欧几何的论文，提出了与传统欧氏几何不同的见解，立即遭到传统数学家的强烈反对，提出"旨在写出一部使人不能理解的著作".

非欧几何的另一位发现者，匈牙利的鲍耶，也是因为提出非欧几何的思想，遭到了保守思想严重的父亲法·鲍耶的坚决抵制. 因无处发表，特请在父亲即将出版的数学书上刊发，父亲开始不同意，后让其承担印刷费，亚鲍耶把论文压缩到极小的篇幅才在父亲《试验》第一卷的尾部作为《附录》刊发. 结果由于缺乏必要的说明，过于抽象难懂，未得到很好的传播.

无理数的发现也受到保守思想的攻击. 古希腊的毕达哥拉斯学派信奉万物皆数，且数可以表示为整数之比，即只承认有理数的存在. 其手下的门徒希帕索斯发现了边长为 1 的正方形的对角线是不可公度的，立即遭到毕氏学派中保守派的攻击，并要求其保守秘密. 由于希帕索斯坚信无理数的存在，最后被装入麻袋，扔进大海，葬身鱼腹.

从上述可看出，一些社会因素、思想因素、心理因素可以使数学发展出现非正常曲折状态，然而这些因素的产生带有一定的偶然性，由此带来的曲折是可以克服的. 那么怎样克服与消除数学发展的非正常曲折呢？

（1）首先在数学界形成浓厚的支持新生事物、扶植新生力量的良好氛围，大力提倡伯乐精神. 对那些及时发现数学新秀，为逆境中的数学人才排忧解难、主动让贤、甘当人梯的人和事要给予应有的奖励，对造成数学蒙难的人，给予适当的教育和惩罚.

（2）对数学问题一定要采取真理面前人人平等的态度，要自由论争，自由讨论，要百家争鸣，学术名人要注重给不出名的"小人物"以充分发表见解的机会.

（3）加强教师队伍建设，努力提高其哲学素质和心理素质. 要建立良好的师生关系，师生应平等相处. 要重视人才，要有青出于蓝而胜于蓝的精神，鼓励学生赶超自己.

2.1.3　数学发展的相对独立性

数学作为现实世界数量关系及其空间形式的反映，并不是消极被动地依赖于社会实践，而是有其自身的矛盾运动，有其自身的发展规律性，这就是数学发展的相对独立性. 具体体现为以下两方面.

2.1.3.1　数学体系结构的稳定性

数学体系结构的稳定性指数学的体系结构不会随社会经济的兴衰、政治体制的更替和国家的兴亡发生重大改变，它只受数学自身矛盾运动的作用和影响. 数学是一个有机整体，各分支间、分支与整体之间相互作用，相互制约.

（1）任何一门理论都是在其他理论的作用与影响中形成和发展起来的. 如数论中有：初等数论、解析数论、代数数论、几何数论；代数中有：初等代数学、线性代数学、多项式代数学、群论、环论、布尔代数等，它们不是互相割裂、互不影响的，而是在思想方法上彼此相互渗透、相互借鉴的.

数论是一门十分古老的数学分支理论，主要研究整数的性质. 最早的数论是初等数论，它的许多问题借助初等代数、初等几何的方法来解决. 微积分产生后成为数论的研究工具，开拓出数论的一个新领域——解析数论. 同样，代数学的发展把数论研究的对象从有理整数扩张到代数整数，开拓出代数数论. 几何学的发展导致了几何数论的产生，几何数论的研究对象是空间格点，即直角坐标系中的坐标全是整数的点. 20 世纪 40 年代以来，随着电子计算机科学的产生和应用数学的兴起，数论又得到更深入的发展. 由此可见，数论的每一次重大进展都离不开其他数学理论的影响和作用.

（2）数学体系结构的稳定性还表现在数学知识的增长是一个持续不断的过程，它不会因社会生产的破坏、社会经济的崩溃而中断. 同时，数学知识一经产生，可被任何阶级、任何时代再次利用. 任何理论的发展都具有继承性，只是数学表现得最为突出.

数学发展的每一步都以已有知识为前提，数学发展是一个不断创新和突破的过程.

2.1.3.2　数学理论的先导性

数学典型地反映了人的认识能动性，数学发展的每一步并不是实践的直接检验. 数学理论的形成可以走在社会实践的前面，为解决社会问题预先准备现成的工具和有效方法.

1. 数学知识的储备性

数学知识是人类创造性思维的成果，它不像物质工具那样可以随时直接利用，往往有一个储备过程. 特别是源于数学体系内部矛盾运动的新知识，有的甚至要储备上百、上千年才能在实践中找到用场.

如公元前 3 世纪，希腊学者阿波罗尼写出《圆锥曲线》一书，表明人们对圆锥曲线的性质已有较系统的认识，可是圆锥曲线长期得不到实际应用；直到 17 世纪，德国天文学家、数学家开普勒将圆锥曲线用于描述行星运行的轨道，才使圆锥曲线在现实世界中得到应用. 又如 16 世纪由卡当和邦比列等人发现的虚数，由于长期找不到现实世界的原型，而被人们称为幻想中的数，一直储备了 200 多年；19 世纪上半叶复变函数论的产生，才使虚数在电工、机械制造和流体力学中派上用场.

幻方早在公元前 6 世纪就出现在古代中国的书籍中，是一种将数字安排在正方形格子中，使每行每列及对角线上的数字和都相等的方法. 但是长期以来它一直被认为是一种智力游戏，直到 20 世纪 40 年代电子计算机的发明才使其应用于程序设计、人工智能和对策论的研究中.

下图给出了三阶幻方和六阶幻方.

8	4	3	31	35	10
36	18	21	24	11	1
7	23	12	17	22	30
8	13	26	19	16	29
5	20	15	14	25	32
27	33	34	6	2	9

4	9	2
3	5	7
8	1	6

2. 数学理论的预见性

数学体系内部矛盾运动的一个重要表现是从已有的概念命题出发，逐步推演新命题. 这些新命题往往能为科学技术提供发现新事物的目标，称为数学理论的预见性. 高斯通过数学推演预言谷神星的轨道就是一例. 1801 年 1 月 1 日晚，天文学家皮亚齐在意大利西西里岛的巴勒莫天文台观测金牛星一带的行星，偶然看到一颗 8 等星向西移动，星图上并没有标明它. 他连续观测了 40 天，终因劳累过度而停止了这项工作，之后他将观测结果写信告诉欧洲大陆的天文学家，请他们接着观测. 那时正值拿破仑远征埃及，地中海遭到英国舰队的封锁，邮政线路中断了半年多，直到 9 月份，大陆上的天文学家才知道皮亚齐的工作,但这颗星已淹没在无数群星之间难以寻找. 高斯决定通过数学方程把这颗星的运行轨迹求出来,为此创立了计算行星椭圆轨道的理论,依据此理论和皮亚齐的资料找到了这颗星,为天文学家观测天象提供了有力的数学工具. 还有麦克斯韦方程预言电磁波的存在,爱因斯坦质能公式预言原子能的巨大威力.

3. 数学发现的超前性

历史上常有这样的事,一个数学新概念、新方法或新理论的产生,不仅得不到学术界的理解和支持,反而遭到反对、非难和扼杀(如非欧几何、集合论等). 其中一个重要原因在于这类发现具有超前性,远远超出了人们所处时代的科学技术以及大多数数学家的认知水平.

值得一提的是,数学理论的先导性并不意味着数学可以摆脱社会实践的作用和影响而任意发展,也不意味着数学的发展可以无限制地超前,社会实践和科学技术的发展为其提供了必要的条件.

2.1.4 数学论争的普遍性

在数学领域里,充满着各种不同的学派,观点的分歧和论争是数学发展中必然出现的现象. 引起数学论争的原因很多,其中一个重要方面来自数学自身的矛盾运动.

1. 因新思想与旧规范相冲突而引起的论争

历史上围绕无理数展开的漫长论争,主要是由新思想与旧规范的矛盾引起的. 非欧几何同样如此.

无理数是公元前 6 世纪毕氏学派对不可通约线段的发现. 毕氏学派虽早早发现了无理数,却不肯接受,认为任何数都可以表示为整数之比. 18 世纪以前受有理数规范的影响,大部分数学家如帕斯卡、牛顿等都对无理数持否定态度,当然也有少数数学家如笛卡尔、华利斯等肯定无理数是真正的数. 随着 e 和 π 等更多无理数的出现,支持无理数的人越来越多. 如 1860 年魏尔斯特拉斯用递增有界函数定义无理数;1877 年,戴德金用"分划"定义无理教,康托提出用基本序列来定义无理数,致使无理数终于在数学中赢得了巩固的地位. 同样,虚数、四元数、非欧几何、勒贝格积分等也展开过各种论争,这些都是由于新思想与旧规范相冲突而引起的.

2. 因新成果自身存在缺陷而引起的论争

大凡一项重大数学成果,并非一开始就是完美无瑕的,而常常带有这样或那样的不足和缺陷，正是由于这些不足和缺陷的存在，才使得人们对新成果的评价不会完全相同．因此可以说，新成果自身的不足和缺陷往往成为不同观点论争的生长点．

历史上围绕微积分理论基础而展开的激烈论争主要是由微积分产生初期所存在的逻辑缺陷引起的．牛顿和莱布尼兹创立微积分的时候，由于历史条件的限制，对一些基本概念未给出明确而严密的定义，而是含糊不清、模棱两可．如在牛顿的著作中，无穷小量有时被看作零，有时又被看作有限的量；在导数运算中，开始预先假定其是一个非零的有限量，尔后又在推演中把它当作零去掉，违反了同一律．由于这些缺陷的存在，使得微积分一开始就遭到某些人的批评和指责，其中具有代表性的人物是英国的大主教贝克莱．他指责导数在牛顿那里是"逝去了量的鬼魂"，而导数的运算法则是"依靠双重错误，得到了虽然不科学，但却是正确的结果"，致使双方展开激烈争论．直到 19 世纪初，柯西把极限概念作为微积分的基础，才大体上统一了数学家的认识．19 世纪末，康托、魏尔斯特拉斯和戴德金等人建立起集合论和实数理论，才彻底结束了这场因微积分基础不牢，而引起的长达 300 多年的历史论争．

3. 因不同学派学术观点不同而引起的论争

在数学的发展进程中，常会产生一些学派，它们是数学家在探讨数学的过程中自发形成的学术团体，各个学派内部的学术思想基本一致，而不同学派的论争却不可避免．如逻辑主义学派、直觉主义学派、形式公理学派、布尔巴基学派、毕达哥拉斯学派，等等．不同学派之间的论争是数学发展过程中的正常现象，这种现象，过去存在，现在存在，将来还会继续下去；一场论争结束了，另一场论争还会代之而起．从某种意义上来说，一部数学史就是一部诸子百家的争鸣史，这种论争是促进数学发展的重要动力．

24 岁的哥德尔在数学基础论争中大胆质疑希尔伯特的观点；年仅 20 岁的华罗庚以争鸣论文被学术界所知，并由此走上探索道路；布尔巴基内部"疯子式"的集会，造就了一大批世界一流的数学家．在我们的学习和工作中也应提倡论争精神，并提出问题，解决问题．

以上考察了数学发展的主要规律，即实践性、曲折性、相对独立性、论争的普遍性，但不可把相对独立性任意夸大，更不能抹杀数学的客观性．离开了社会实践，数学就成了无源之水，同时失去了赖以存在和发展的物质基础．数学依赖于社会实践，社会实践刺激数学的发展，我们要全面、辩证地认识数学发展的规律性．

2.2 19世纪以来数学发展的特点和趋势

研究和讨论数学的发展规律离不开研究数学发展的历史，研究数学的思想方法更离不开研究数学发展的历史. 19世纪以来数学的发展进入了一个崭新的阶段，出现了许多新的特点，认真研究这些特点和发展趋势，对于探讨新的数学思想，创造新的研究方法，促进数学的发展，加速人才的培养，具有十分重要的意义.

17世纪是数学发展史上硕果累累的光辉时期，期间，在数学的许多领域都有重大的进展和新的创造. 解析几何和微积分的建立为数学史乃至整个科学史树立起两块夺目的丰碑，也使常量数学进入了变量数学. 数学之所以发生如此重大的历史转折，是与当时的社会科学文化和思想发展的特点分不开的，如力学在数学中的应用，使数学方法受到普遍重视. 17世纪杰出的哲学家常常又是数学家，而许多数学家同时又是哲学家，如笛卡尔、莱布尼兹便是杰出的代表. 变量数学的出现，绝不能看作由一两位天才数学家孤立地发明出来，它是数学这门历史悠久的学科自身在积累了相当丰富的各种研究成果的基础上发展出来的必然结果.

16世纪以后，许多数学家日益认识到代数方法的强大力量，并且愈来愈多地把代数的一套符号和运算运用到几何中去，使代数与几何日益紧密地联系起来. 笛卡尔特别重视方法论的研究，他考察了过去的数学方法，批评希腊人的几何方法过于抽象，批评欧几里得几何中的每一个证明都要求有某种新的奇妙的想法，且过多地依赖于图形；他也批评了当时通行的代数方法，认为这种方法由于公式和法则的制约束缚了人们的思想. 因此，他提出要把逻辑、几何、代数三者结合起来，于是在其几何中出现了未知量，这实际上是变量与函数的雏形. 恩格斯因此说：数学中的转折点是笛卡尔的变数. 正像在科技界发明了人们做梦也没有想到过的飞机、收音机、电视、无线电通信、运载火箭、卫星和电子计算机等一样，数学王国也建造起一座座绚丽多彩的宫殿，我们想象不到的结论、看起来似乎违背常识的事项接二连三地被发现和论证，使得旧数学的面貌焕然一新，也使数学以一种全新的姿态屹立于科学之林.

2.2.1 数学发展的特点

19世纪以来，数学发展的一个重要特点就是处于数学核心部分的几个主要分支——代数、几何、分析等部分的内容发生了深刻的变化，具体如下：

2.2.1.1　抽象程度加深

抽象程度越来越深，使数学在抽象与具体化的辩证运动中，在理论思维与实践的共同作用下，实现了自己的无限发展.

我们知道，数学理论作为一种认识形式，与其他学科相比较，其最基本的特点是高度的抽象性，即抽象层次较高. 具体来说就是：

1. 数学概念没有直接的现实原型

抽象就是舍弃对象的一些特性，而概括其另一些性质，原来的对象是原型. 数学概念的一个重要特点是现实世界中并不存在由它抽象出来的现实原型（实物）. 而自然科学中的概念大都具有现实世界的直接原型. 如物理学中的"量子"概念是一个非常抽象的概念，但它所表征的却是物质实体的微观运动的特征，这些物理量是客观存在的. 又如"化学键"概念也是一个非常抽象的概念，它的原型就是实际的原子团或分子的形成. 然而数学概念反映的却不是现实地存在着的东西，最简单的数1，并不是指1只鸡、一块糖，而是指一种关系和次序. 几何图形、实数、张量、向量等均是在自然数、集合等概念基础上定义的. 由此可知，数学概念比自然科学中的概念离现实世界为远，因而更抽象些.

2. 数学理论解释的特殊性

数学理论解释存在特殊性，如：$y = ax + b$，可解释为匀加速直线运动，匀速直线运动，物体在一定温度下线度变化理论. 每一种解释均为一个其他的科学理论，因而抽象程度更高.

3. 研究方法的抽象性

研究方法具有抽象性，自然科学以实验为主，数学以演绎论证等为主.

（1）代数学已从探索方程的求解发展到代数系统结构的研究.

我们知道，代数学通过字母的引入使算术的运算更具一般的形态. 方程求解的研究，在19世纪之前一直是代数学的中心课题，正是围绕方程根的求解，特别是高次（$n \geq 5$）方程的求根问题形成了代数方程的理论. 在19世纪30年代（1829年），伽罗瓦在研究高次方程和根式求解的充要条件时提出了群的概念，为抽象代数的兴起打下了基础. 范德瓦尔登的《近世代数》一书的出版标志着抽象代数的形成，从此代数学便转向对代数系统结构的研究. 所谓代数

系统是定义了若干运算的集合. 新的代数学与传统代数学相比有如下几个显著特点:

第一, 研究对象更加抽象. 代数学研究的对象不再是些具体的数和用字母表示的任意数, 而是一些更加抽象的集合, 集合的元素除了数量之外还可能是更一般的量, 如矩阵、向量、张量、线性空间等.

第二, 研究的内容更加丰富. 代数学中的运算也不再是人们熟知的那些在一般意义上规定的几种代数运算 (加、减、乘、除、乘方、开方等), 而是指在给定元素的集合中的某些结合法则. 除了包括在原来意义上的各种代数运算外, 还包括更一般的运算, 如同构、同态、同调、同伦等.

第三, 研究的重点发生转移. 代数研究的重点, 不再是那些具体运算的结果和方程根的求解, 而是各种代数系统的结构、关系、特性以及它们的分类. 其中特殊的代数系统, 群、环、域、模、格等抽象结构的研究成为近世代数学研究的中心内容.

(2) 几何学研究对象的拓宽与空间观念的突破.

几何学产生于对现实世界中物体的空间形式和关系的研究. 欧氏几何的空间概念是人们在长期社会实践中形成的, 受这种空间观念的影响, 人们认为欧氏几何是唯一可能的几何, 欧氏几何学的建立为研究现实空间的几何特性提供了重要的数学工具, 19 世纪后, 非欧几何的发现以及拓扑学的兴起, 使几何学发生了深刻的变革, 相继出现了非阿基米德几何学、非勒让德几何学、非笛沙格几何学等新的几何体系, 它们部分否定了原有几何学的公理、定理, 有的主张直线是有限的, 有的主张三角形内角和不等于 180°, 等等.

非欧几何的产生深化了人们对现实空间的认识. 现实空间的概念已不再是一个平直的、均匀的与物质及其运动无关的绝对空间. 在相对论中, 非欧几何找到了它的物理意义, 无穷维空间的出现使空间概念更加普遍化和抽象化.

拓扑学的兴起使几何学的研究呈现出崭新的局面. 传统的几何学总是以其研究对象之间的相关位置和度量关系为主要内容, 而拓扑学的研究则别开生面, 其产生可追溯到 18 世纪欧拉对哥尼斯堡七桥问题的研究, 其发展则是在 19 世纪后, 随着黎曼对曲面同胚问题的系统研究以及彭加勒等人的工作逐步展开的. 拓扑学主要研究几何图形在一对一连续变换下具有的不变性质, 犹如画在橡皮膜上的图形, 当橡皮膜发生形变时, 只要不折不撕破, 曲线的闭合性、相交性等就不发生变化. 拓扑学的理论广泛地和数学其他分支的理论相结合, 成为当今数学领域中最活跃的学科分支之一.

（3）分析理论的完善与抽象分析的创立.

两个世纪以来，由于微积分的广泛应用，产生了许多学科，如级数论、微分方程、函数论、变分法等，然而涉及其理论基础却展开了激烈的争论. 如康托提出无穷集合论，使分析基础理论精确化，与之还产生了一门新的分析学科——泛函分析. 其中研究的对象不再是某个具体的函数，而是具有某一特性和关系的"函数空间"，一个具体函数只不过是函数空间中的一个点. 它主要讨论函数间的关系，因此泛函分析又叫无穷维空间的几何学和微积分学. 美国的鲁滨孙又提出非标准分析.

总之，数学发展到这一阶段，其抽象程度越来越高，这种抽象从形式上看是远离现实世界的，但实质上却更深刻、更全面地揭示了现实世界中数量的性质和关系. 与此同时，计算数学（机器数学、数值数学、诺模图等）、统计数学以及运筹学等迅速发展为现实世界中最具特殊性、实践性及多样性的量与空间形式的学科. 因此可以说，数学是在抽象与具体化的辩证运动中，实现自身发展的.

2.2.1.2　既高度分化又高度综合

1. 分化程度越来越高

早期的数学学科多数产生于人们从经验中对数与形的认识结果，无论是中国的算学，还是古希腊的几何学，总是包含多方面的内容，如九章算术、周髀算经，既有算术，也有方程和几何问题. 然而随着数学的发展，出现了数学的分化，并分化为研究数量的代数学和研究形的几何学. 到了 17 世纪，变量的产生出现了新的数学分支——分析学. 由此可知，数学是伴随着数学的分化过程而发展的. 19 世纪以来数学的发展，不但继承这种分化趋势，而且分化程度越来越高. 首先数学的派生分支越来越多，据统计包括 100 多种可以辨认的学科，再加上与数学交叉的学科，分支学科数目不下几百种.

分析（数学分析、复变函数、实变函数、泛函分析、非标准分析等）的各分支研究的内容越来越狭窄，各分支研究目标的方法和技术术语日趋专门化，以至于数学家也无法了解数学的全局，几乎再无像高斯、欧拉那样的大师能通晓全部或大部分数学全貌. 因此，从总体上研究数学的概貌、数学的精神、思想方法更有助于克服学科高度分化给数学研究带来的困难.

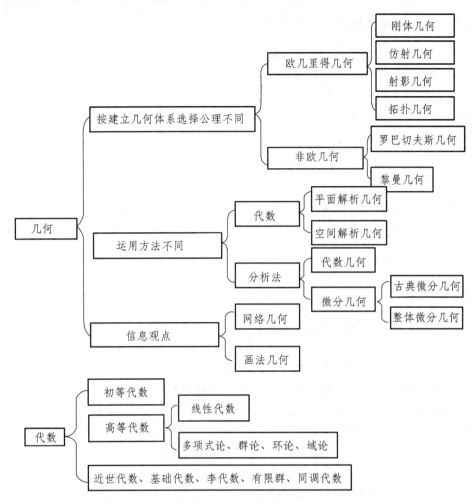

2．综合发展日益占主导地位

　　数学作为整体，综合发展的势头在 20 世纪初就为数学家所察觉，不少数学家致力于寻找各数学领域的共性，提出统一数学的各种观点和方法．其中具有代表性的是克莱因的爱尔朗根纲领中的变换群的观念．又如代数中用格的概念统一代数系统的各种理论和方法；希尔伯特的形式公理化，影响深远．30年代法国的布尔巴基学派提出体现数学完整统一的各种结构的概念，把代数几何分析在代数结构、拓扑结构、序结构等几种基本结构上统一起来，这是近现代数学发展高度综合的特点和趋势．

　　数学关于研究数量关系和空间形式的描述已不能满足需要，既非数、亦非量，或比数量具有更广泛意义的内容进入数学领域，如逻辑代数论述概念演算、命题演算，以及群论、集合论等比数量意义更广泛．

2.2.1.3 应用日趋广泛

正如前所述,数学发展的抽象程度越来越高,那么是否和社会相脱离呢?恰恰相反,数学在历史上经久不衰地发展下去,其生命力恰好在于其实际的应用,数学几乎渗透到各个领域.正如马克思所说:"一门学科,只有当其成功地用到数学时,才算达到完美的地步."可以说:宇宙之大,粒子之微,火箭之速,化工之巧,地球之变,生物之谜,日月之繁,无处不用到数学.

1. 数学在自然科学中的应用

17 世纪微积分的建立正是出于自然科学的需要,从那以后自然科学与数学就建立起了密不可分的关系.

(1)物理学.物理学内容极其广泛,小到基本粒子,大到宇宙都要受物理规律的支配,而物理学的基本规律都是用数学方程表达出来的.如 $m\dfrac{d^2x}{dt^2}=F$,$F=G\cdot\dfrac{m_1m_2}{r^2}$,电磁场、热力学、统计力学、狭义相对论、广义相对论、量子力学、电子理论、规范场论等均离不开数学表达式.

(2)生物学.过去曾认为生物学是一门非应用数学的学科,但现在已形成生物数学、生物统计学等.拓扑学的思想在生物学中也有所渗透,如生物钟、视觉等的研究,用计算机分析生物分子的晶体结构等.

如澳洲、新西兰在20世纪初,由于动物园发生火灾,幸存的兔子成为野兔,然而兔子的繁殖能力非常惊人,形成了兔灾,这引起了人们对兔子繁殖规律进行研究的兴趣.一个人到集市上买了1对小兔子,一个月后,这对小兔子长成大兔子,长成大兔子后每过一个月就可生 1 对小兔子.而每对小兔子也是一个月后长成大兔子,长成大兔子后每过一个月就又可生 1 对小兔子.那么从此人在市场上买回那对小兔子算起,第12个月时他拥有多少对兔子?

分析 对前几月进行统计,观察规律发现,开始第1个月,有 1 对大兔子;第2个月,有 1 对大兔子,1 对小兔子;第三个月,有 1 对小兔子,2 对大兔子……统计情况如下表所示:

分类　　月	1	2	3	4	5	6	7	8	9	10	11	12
小兔子(对)	0	1	1	2	3	5	8	13	21	34	55	89
大兔子(对)	1	1	2	3	5	8	13	21	34	55	89	144

可知,

每月小兔子对数=上月大兔子对数,

每月大兔子对数＝上月大兔子对数＋上月小兔子对数.

为了纪念兔子繁殖规律的发现者，把数列

1，1，2，3，5，8，13，21，34，55，89，144，233，377，…

称为斐波那契数列，即

$$a_{n+1} = a_n + a_{n-1}.$$

自然界中向日葵的种子盘、雏菊花，它们的花心的蜗形小花有21条向右转、34条向左转，松果球、菠萝凸起的排列也为5：8和8：13. 目前，此数列在物理、化学和生物学中常出现，它具有很奇特的数学性质，所以美国数学会专门办了斐波那契季刊.

（3）天文学、宇宙学. 行星运行轨道的研究是分析数学产生的直接原因. 宇宙学研究宇宙的结构和演化，所用的主要工具是数学，宇宙模型首先就是数学模型. 如爱因斯坦的静态宇宙模型，弗里德曼宇宙模型等.

$$ds^2 = R^2(t)\left[\frac{dr^2}{1-kr^2} + r^2(d\theta^2 + \sin^2\theta d\varphi^2)\right] - c^2dt^2,$$

式中，r，θ，φ 为球坐标，t 为宇宙时，k 为曲率，$R(t)$ 为宇宙距离标度因子.

（4）化学. 化学使图论和群论得到了应用. 1981年诺贝尔化学奖获得者霍夫曼等，其工作就是建立和发展了轨道对称守恒原理. 1982年我国自然科学一等奖获得者唐敖庆等人的工作"配位场理论研究"也与群论密切相关.

（5）地学. 绘制地图离不开数学思想方法，如保角变换，曲面投影到平面等. 特殊地理位置、人口分布、资源分布等也需要大量的统计数学. 华罗庚1961年曾给出一个在等高线图上计算矿藏储量与坡地面积的数学方法. 另外，在地震预报中也广泛应用数学.

（6）莫比乌斯带在技术中的应用.

把一长方形纸条扭转180°，再把对边黏合得到的曲面，叫莫比乌斯带. 它有一奇妙的性质：不经过带的边缘也不离开带就可走遍带上每一点（包括正反面）. 目前，机械设备的传送带就是按这种形状设计的，把薄钢板塞进去，出来时已翻面. 1976年，美国一位工程师将自动电话回答器的磁带改为莫比乌斯形式，两面自动录音；还有人把电传打字机的环状染色带改为莫氏带，大大延长了染色带寿命.

2. 数学向社会科学广泛渗透

现代社会科学也广泛应用数学，极大地推动了数学的发展.

（1）经济学. 经济计划、投入产出分析都要用线性方程组和矩阵来建立投入产出表. 经济专业把数学列为基础课程.

（2）军事. 装备设计、作战计划、作战理论等也要用数学. 如兰彻斯特作战理论就是利用数学模型表述的.

（3）历史. 收集整理、储存有关数据和史料, 主要用统计学和计算机对数据和资料进行分析, 运用线性代数研究社会结构、经济结构, 使理论更有权威性和稳定性. 如利用数学中的最小二乘法, 依中国古籍《三国志·魏志·倭人传》的有关记载去寻找日本早已湮没了的古国——邪马台国, 等等.

（4）法学、人口学、语言学、教育学等均渗透了数学的应用. 如人口密度、教育统计等.

例 在语言学方面的应用.

下列式子中的汉字表示不同的数目$(0, 1, 2, \cdots, 9)$, 试找出汉字所代表的数字, 使算式成立.

$$年年 \times 岁岁 = 花相似, \quad 岁岁 \div 年年 = 人 \div 不同$$

分析 $(年, 岁) = (2, 3), (2, 4), (3, 2), (4, 2)$, 且易知岁岁<年年.

若年 = 3, 则 $33 \times 22 = 726$, 花 = 7, 相 = 2, 似 = 6, 相 = 岁, 不符;

若年 = 4, 岁 = 2, 则 $44 \times 22 = 968$, 花 = 9, 相 = 6, 似 = 8, $22 \div 44 = \dfrac{1}{2} = \dfrac{人}{不同}$,

人不同 $\in \{0, 1, 3, 5, 7\}$, 所以人 = 5, 不 = 1, 同 = 0.

以上介绍了19世纪以来数学发展的特点. 与两千年来数学发展的漫长历史相比, 这个阶段并不长, 但从取得的成果看却是数学史上任何一个时期所不能相比的, 无论一个重大难题的解决, 还是一个重大数学分支的创立, 都与数学方法密切相关.

2.2.2 近现代数学发展的趋势

2.2.2.1 数学的辩证统一

随着数学理论的日益分化, 数学理论的发展日益表现出统一趋势, 主要表现在以下几方面.

1. 多起源的数学具有统一性

从古代民族的早期数学成就可看出, 许多民族和地区都对数学的产生和发展做出过贡献, 如巴比伦的泥板数学、古埃及的纸草书、中国的甲骨文等. 人们通过各种不同数字符号表达的正是同样的一些自然数概念, 几何图形也如此. 最能说明不同地区、不同民族发展起来的数学具有统一性的是关于勾股定理和勾股数的知识. 巴比伦人在一块汉穆拉比时代的泥板上刻有 15 组勾股数；中国最早记载勾股定理并应用的是《周髀算经》中的 $3^2 + 4^2 = 5^2$，九章算术中还给出(5, 12, 13)、(8, 15, 19)、(7, 24, 25)、(20, 21, 29). 古希腊毕达哥拉斯学派发现并证明了勾股定理. 古印度在公元前 5 世纪甚至更早的宗教建筑中给出勾股数，并给出 $x^2 + y^2 = z^2$ 的整数解：$x = m^2 - n^2$，$y = 2mn$，$z = m^2 + n^2$. 同时，发展至今的数学从理论表述方法上体现了公理化，理论逻辑基础体现了集合论，均呈现出统一性.

2. 在现代数学中，传统数学分支的前沿理论"分支"的差异性正在消失

几何学和代数学在历史上是有较大差异的数学分支，虽有解析几何的产生，使它们有所融合，但由于几何的基本概念为形，代数学的基本概念为数，使得它们在处理问题的基本方法上的差异仍存在，不过现代代数学和几何学的前沿理论中这种差异性正在消失. 如代数学的前沿理论同调代数和几何的分支——拓扑学正日益使其得到融合. 即同调代数研究同调群理论，有拓扑中的复形、链、闭链、自调等基本概念；拓扑中有示范类、映射法、群论方法等.

现代理论数学中，原来隔行如隔山的状况正逐步被改变，几何、拓扑、代数、分析等方法正融为一体，这大大加强了解决理论问题的能力. 获 1986 年菲尔兹奖的德国数学家法尔廷斯的工作就证明了此点. 他证明了费尔马的一种特殊情形：

$$x^n + y^n = z^n \text{ 除以 } z^n，得：\left(\frac{x}{z}\right)^n + \left(\frac{y}{z}\right)^n = 1. \text{ 令 } u = \frac{x}{z}，v = \frac{y}{z}，得 u^n + v^n = 1.$$

证其无有理数解，把其表为平面上的曲线 $F(u,v) = 0$，解的全体构成曲面（$u^2 + v^2 = 1$ 至多有有限多组有理解），从而将数论、曲线、曲面问题联系起来，应用了代数、几何、拓扑工具.

3. 现代数学中应用数学和理论数学的界限正在缩小

纯数学——不考虑应用，发展方式为以整理数学事实和数学问题为起点；
应用数学——运用数学解决实践中的各种问题，对理论的探讨不太注意.

随着现代数学的发展，许多纯理论性的数学理论也在人的实践或其他科学领域的研究中不断地得到应用，而对许多由应用产生的数学理论中的数学问题的进一步研究则产生了新的纯数学理论. 如数论这个古老的数学分支现已有了相当广泛的应用，而图论这个从应用中产生的应用数学理论则形成了一系列纯理论内容，如极值图论、超图理论等.

同时，数学理论的应用还表现出同一数学理论可以应用于极不相同的领域中，如星系中的恒星分布和阿米巴虫（一种变形虫，人类病原之一），在一

定条件下它们是风马牛不相及的事，然而都能用偏微分方程理论来研究．另外，解决问题需要用到多种分支的数学理论，如军事上的密码编制和破译技术则应用了代数、几何、群论、组合数学、概率统计、信息论等．

总之，在现代条件下应用数学和理论数学的界限正在消失，但若想真正在理论上使各门学科统一起来，并非易事．不过，目前人们已做了大量工作，辩证统一是一大趋势．

2.2.2.2　数学理论发展的现代化趋势

目前，人类正面临一场世界范围内兴起的新的技术革命，这场新技术革命以微电子技术为先导，尤其是电子计算机的产生和发展对数学思想方法产生了巨大影响，影响了数学的发展趋势．

（1）数学与其他现代科学的关系日益密切，这一趋势使数学应用出现了进一步扩大的趋势．

（2）数学理论的发展出现了数值化、算法化、离散化、组合化的势头．随着计算机的发展，费时费工的单调性工作，可由计算机取代，这也使人有可能集中精力研究更为复杂、更为抽象的问题．如计算方法：各种问题如何利用计算机来计算；计算几何学：函数逼近论、微分几何、代数几何、计算数学等．

（3）数学的基础和前沿理论同时发展．随着计算机的采用，人工智能的研究不断触及人类思维的本质，这就涉及数学的基础．

那么数学从远古发展到今天，特别是未来数学正以惊人的速度发展，首先值得我们思考的一个问题是数学发展的方法主要有哪些．

2.3　数学发展的方法

数学从其萌芽状态的经验阶段，逐步发展到今天这样深奥宏大的严密的演绎体系，是几千年来数以万计的数学家共同努力的结果．作为后来者，要对这些大师们由衷地表达敬仰和赞叹，同时也受到了鞭策和鼓舞．特别是从事数学研究和数学教育的人，对诸如以下问题可能会感兴趣，数学作为一门科学体系是怎样逐步产生和发展起来的．

2.3.1　问题产生法

一般认为，问题对于数学理论的产生和发展有着重要的意义，许多理论的起点就是问题. 问题可以分为两类；一类是实际问题，如生产、管理、生活、游戏、战争等社会实践问题；另一类是理论问题，它是各门科学的理论和数学自身的理论所提出的问题. 但并不是有了问题就能产生出新的数学理论，数学理论的形成和发展是一开放系统，必须与人类实践或其他科学理论进行信息交换，以深化、改造世界，满足人类不断增长的物质和文化需要为目的.

1. 以实际问题为起点使数学得以发展

关于这方面的例子是很多的，运筹学中的线性规划理论就是起源于工厂的生产计划等问题. 现在的高中数学实验教材增加了线性规划的初步知识. 还有，概率论起源于赌博、保险事业等实际问题，几何起源于实际问题，代数也起源于实际问题等.

例 某工厂生产甲、乙两种产品，已知生产甲种产品 1t，需耗 A 种矿石 10t，B 种矿石 5t，煤 4t；生产乙种产品 1t，需耗 A 种矿石 4t，B 种矿石 4t，煤 9t. 每 1t 甲种产品的利润是 600 元，每 1t 乙种产品的利润是 1000 元. 工厂在生产这两种产品的计划中要求消耗 A 种矿石不超过 300t，B 种矿石不超过 200t，煤不超过 360t，问甲、乙两种产品各应生产多少（精确到 1t）才能使利润总额达到最大？

资源消耗量	甲产品（1 t）	乙产品（1 t）	资源限额（t）
A 种矿石	10	4	300
B 种矿石	5	4	200
煤（t）	4	9	360
利润（元）	600	1000	

解 设生产甲、乙两种产品分别为 x t、y t，利润总额为 z 元，则

$$\begin{cases} 10x+4y \leqslant 300, \\ 5x+4y \leqslant 200, \\ 4x+9y \leqslant 360, \\ x \geqslant 0, \\ y \geqslant 0. \end{cases}$$

$$10x+4y=300.$$

$$z=600x+1000y.$$

要使 z 最大，即 $y=-\dfrac{3}{5}x+\dfrac{z}{1000}$ 的截距最大.

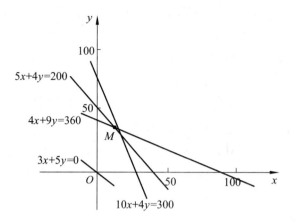

作直线 $600x+1000y=0$ ，即 $l:3x+5y=0$ ， l 向右上方平移到 l_1 的位置时，经过点 M 与 l 平行的直线的截距最大．所以

$$\begin{cases} 5x+4y=200 \\ 4x+9y=360 \end{cases}.$$

得 M 点的坐标 $x=\dfrac{360}{29}\approx 12$ ， $y=\dfrac{1000}{29}\approx 34$ ．所以甲生产 12 t，乙生产 34 t．

2. 以理论问题为起点使数学得以发展

关于这方面的例子，在数学史上，以微积分的建立最为典型．促使微积分产生的理论问题有四类： $S=vt$ 中的瞬时速度，已知曲线求其切线，已知函数求函数的极大值、极小值，求曲线的长度．许多数学家为解决这些理论问题做了大量的数学工作，最终由牛顿-莱布尼兹完成的微积分学，解决了此四类问题并使之广泛地应用到科学的各个领域，成为应用最广泛的数学理论之一．

同时，数学理论本身的问题也可作为数学新理论的发展起点，它在数学理论的发展过程中占有独特的地位．如数系的扩张、虚数等都产生于数学理论问题的需要，即 $x^2+1=0$ 的实数解不存在问题、群论产生于 5 次以上代数方程的求解问题、非欧几何产生于第五公设问题，等等．于是，就沿着"数学理论—数学问题—建立新概念、新方法、新理论—是否解决问题"这样一条线索发展了数学．

总之，原始社会后期，由于计算的需要，人们创造了自然数概念，后来人们在解决一系列生活和农业生产等的实际问题（天文历算、土地测量）中，初步创立了代数和几何．今天数学已变成脱离外界的量，经验和应用的所谓纯数学以及以应用为主的所谓应用数学两大部门，是一种对象广泛、内容深奥的科学，除问题产生法外，在其发展过程中还有形形色色扩展数学范围的方法．

2.3.2 扩张法

数学中最简单的概念——数，并非一次就完善到现在这样的地步，而是经历了多次扩张．从自然数开始，经过等价抽象、理想化抽象逐步发展到整数，再发展到有理数、实数、复数、超复数的概念．当然，数的扩张并非无缘无故，一方面，人类要更加深刻地认识自然、改造自然，必然要施行更为精密的计量，在原有的数学内又不能做到这一点．另一方面，数学理论本身也需完善，因为 $x^2+1=0$ 在实数范围内无解，为使方程有解势必要引进虚数单位根，因此数的扩充又是人们追求算法一般化或方程解法的结果．

函数也是从其原始的、简单的概念入手．如莱布尼兹在其论文中首次使用函数的概念，其定义为曲线上点的横坐标、纵坐标、切线的长度、垂线的长度等，凡与曲线的点有关的量均称为函数．由此可见，最初函数的范围比较狭窄，经过许多数学家如伯努利、傅立叶、欧拉、柯西、黎曼、狄里克莱等接力式的努力，一步步地扩张范围，终于发展为今天这种建立在集合理论上的函数概念．

（1）伯努利：由一个变量 x 与常数构成的任意表达式；

（2）对于变量 x 的每个数值，有完全确定的变量 y 的数值与之对应，称 y 为 x 的函数；

（3）对于一个集合中的每个元素 x，在另一集合中有唯一确定的元素 y 与之对应，称 y 为 x 的函数．

关于数学定理、公式的扩张事例也信手可得．从个别事实出发得出定理和法则的过程本身就是扩张法的应用．如欧拉公式的获得并未考虑所有的多面体，只不过是运用不完全归纳法将在某些特例下成立的公式、法则推广而已．另外，在数学学习和研究中，人们试图去掉或削弱某些定理或公式成立的条件，建立更为广泛意义上的定理和公式，事实上这也属于扩张法．如：

$f(x)$ 在 $[a,b]$ 上可积，可扩张为：$f(x)$ 在 $[a,b]$ 上至多有有限个间断点，$f(x)$ 在 $[a,b]$ 上可积；

$$\sqrt{ab} \leqslant \frac{a+b}{2} \text{ 扩充为 } \sqrt[n]{a_1 a_2 \cdots a_n} \leqslant \frac{a_1 + a_2 + \cdots + a_n}{n}.$$

不仅如此，即使在数学分支的发展与完善过程中，也体现了扩张法的精神思想．如复变函数论就是微积分的一般化，希尔伯特的公理几何学就是普通几何学的一般化．由此可看出，新的概念和定理是建立在原有概念和定理的基础上的，并以原始概念和定理作为特殊情形．

所谓扩张法，就是从原有概念和定理出发，建立以原有的结果为特殊情形的更为广泛的概念和定理及思想的方法. 扩张法含有"一般化"与"推广"的意义. 这正如一棵櫔树, 在其生长过程中, 用新的树层使老枝变粗, 长出新枝, 枝叶往上长高, 根又往下长深一样. 数学也是在其自身发展过程中把新的材料添加并扩充到已形成的领域中, 有人把扩张法形象地比喻为滚雪球法.

2.3.3　交叉互取法

从两门或两门以上的数学分支的某些概念、定理和方法等出发, 将这些内容有机地融合在一起, 从而发现新事项、建立起新的数学分支的方法称为交叉互取法.

随着近现代数学的飞速发展, 数学的分支越来越繁杂, 而另一方面, 理论又呈现统一, 因而利用交叉互取法开辟新的研究领域更显示出其重要性.

解析几何就是把代数方法移植到几何中解决几何问题的产物, 是代数和几何的交叉; 微分几何是数学分析和几何学的交叉; 泛函分析是线性代数、微积分方程、概率论等学科的交叉. 几何数论、代数数论、解析数论等是数论与几何、代数等的交叉; 把模糊集合论的概念和方法引入拓扑学形成了模糊拓扑等. 值得一提的是, 交叉互取法并不局限于数学研究领域的扩充, 自然科学和社会科学也都是它大显身手之地. 数学方法论是数学与哲学、心理学、数学史、人才学、教育学、逻辑学等交叉互取的结果; 数学教育学、数学教育心理学等均是运用学科交叉建立起来的学科; 经济数学、生物统计学使经济学、数学、统计学等有机糅合. 有人说, 学科与学科之间、分支与分支之间相互交织、相互渗透的交叉点就是建立学科的富丽堂皇的宫殿的最佳场所.

2.3.4　分支分化法

这一方法在数学中经常运用. 随着数学的发展以及人们对某一领域研究的深化, 出现了众多的分支. 它是把一个学科的理论分解为若干新理论的方法. 例如:

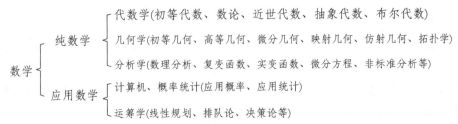

还有一些数学概念、定理或新思想既不能在原有基础上进行扩张与分解,

又不能与已有学科进行交叉，而其发展又成为必要，这也需要研究.

2.3.5 发现法

发现法是不依赖于已知事项而发现新的数学事项的方法. 利用这种方法扩展数学领域的事例也是极多的. 如负数、无理数、非欧几何的产生，牛顿、莱布尼兹以无穷小和极限概念建立起来的微积分方法，康托创造的超限数和集合论等都是发现法的范例. 在某种意义上，它可被看作与已知数学无关的新创立的学问，这些材料有时与某些现实材料相抵触. 如非欧几何中，两直线至少有两个交点，无理数远远多于有理数等. 当然，不可能有绝对不依赖于已知事项的知识存在，发现法是相对于某些重要思想、法则的不同而提出的. 若仔细研讨可知，它们的基本概念常常是从已知数学的某些理论导出，再加上若干独到的见解，经过许多迂回曲折以后逐步建立起来的，并不断得到完善.

我们不妨把数学比作一处尚不完整的城堡建筑群，为了对它进行修整和扩建，人们或许以原有的城堡为基地，再建造一些高楼大厦逐步扩大原有领域，正如数学发展的扩张法；或许在已有建筑群内再分出若干个小建筑群进行精雕细刻，正如数学发展的分支分化法；也许会在城堡群之外甚至是那些不毛之地开辟新的建筑领域，并力图使其纳入自己的控制范围，即发现法；人们也许会吸收几座城堡的建筑特色，在这些城堡之间建立一座既能反映原来城堡的建筑特色，又具有自己风格的新城堡，即交叉互取法；或许会发现原城堡建筑群中的不足，进行改造，建立新城堡，即问题产生法. 今日的数学就是靠这些方法发展起来的.

值得注意的是，数学的发展绝不等同于一些新概念、新定理、新法则的堆积，而包含着质的变化——数学思想方法的突破. 这是下一章要介绍的内容.

3　数学思想方法的几次重大突破

通过上一章的研究，我们对近、现代数学发展的特点、趋势以及数学发展的方法有了一个粗略的了解，值得一提的是，数学的发展不能归结为新理论的简单积累，它包含着数学思想的根本变化，这些变化不是破坏和取消原有的理论，而是深化和推广原有的理论，进而提出新的概念和理论. 历史上发生的数学思想方法的几次重大突破即说明了这一点.

算术和代数是数学中最基础而又最古老的分支学科，两者有着密切的联系，算术是代数的基础，代数由算术演进而来，从算术演进到代数是数学思想方法上的一次重大突破.

3.1　从算术到代数

3.1.1　算术与代数的区别

代数学作为数学的一个研究领域，其最初而又最基础的分支是初等代数，初等代数的研究对象是代数式的运算和方程的求解. 从历史上看，初等代数是算术发展的继续和推广，算术自身运动的矛盾以及社会实践发展的需要，为初等代数的产生提供了前提和基础.

算术的主要内容是自然数、分数、小数的性质和四则运算. 算术的产生表明，人类在现实世界数量关系的认识上迈出了具有决定性意义的第一步，是社会实践不可缺少的数学工具（如生活中的学问），离开算术，科学技术的进步几乎难以想象.

在算术的发展过程中，由于算术理论和实践发展的要求，提出了许多新问题，其中一个重要问题就是算术解法的局限性在很大程度上限制了数学的应用范围. 算术解法的局限性，主要表现在它只限于对具体的已知的数进行运算，不允许有抽象的未知数参加运算，即使有未知数，也只能静静地在一边等待运算的结果. 当用算术解应用题时，首先要围绕所求的数量，收集和整理各种已知的数据，并依据问题的条件，列出关于这些具体数据的算式，然后通过加、减、乘、除四则运算求出算式的结果. 许多古老的数学应用题，如行程、工程、流水、分配、盈亏等问题都是借助这种方法求解的. 对于那些只具有简单数量关系的实际问题，列出相应的算式并不难，但对于那些具有复杂数量关系的实际问题，要列出相应的算式，就不是一件容易的事了，有时需很高的技巧；特别对于含几个未知数的实际问题，要想通过已知数的算式来求解，有时很繁杂甚至不可能.

例 1（鸡兔同笼问题）　鸡、兔共有头 18 只，足 60 只，问鸡、兔各有多少只？

算术解法（解法 1）　假设 18 只全为兔，则 18 只兔应该有 72 只足，但现在只有 60 只足，为何多出 12 只足，把鸡看成兔子，每只兔子比鸡多两只足，多假设了 6 只兔（即鸡的个数），实际上兔有 12 只，鸡有 6 只.

（解法 2）　设想所有的鸡来个"金鸡独立"，所有兔子都只用两只后足站立，这时着地的足数应为 30，足数与头数 18 差 12. 这是因鸡的头数与足数一一对应，而兔子着地的足数比金鸡独立的足数多 12 只，故鸡的个数为 6 只.

（解法 3）（张景中）　兔有 4 只足，鸡有两只足，岂不是太不公平了吗？不是不公平，每只鸡还有两只翅膀呢. 若翅膀也算足，总共该有 $18 \times 4 = 72$ 只足，即应有 12 只翅膀. 即有 6 只鸡.

代数解法：设鸡有 x 只，兔有 y 只，则

$$\begin{cases} x + y = 18, \\ 2x + 4y = 60. \end{cases}$$

所以

$$\begin{cases} 2x + 2y = 36, \\ 2x + 4y = 60. \end{cases}$$

所以 $\begin{cases} y = 12, \\ x = 6. \end{cases}$

例 2（和尚分馒头问题）　100 个馒头分给 100 个和尚，大和尚 1 个人分 3 个馒头，小和尚 3 个人分 1 个馒头，问大、小和尚各多少人？

算术解法（解法 1）　100 个和尚都是大和尚，那么应该有 300 个馒头，比题目多了 200 个馒头，为什么会多 200 个馒头，原来是把小和尚看成了大和尚，每个小和尚多吃了 $\left(3 - \dfrac{1}{3}\right)$ 个馒头，所以小和尚有 $200 \div \left(3 - \dfrac{1}{3}\right) = 200 \times \dfrac{3}{8} = 75$（人）.

（解法 2）　100 个馒头分给 100 个和尚吃，平均每人分到 1 个馒头，运用这种"眼光"分析，一个大和尚吃 3 个馒头，3 个小和尚吃 1 个馒头，即 4 个和尚吃 4 个馒头，所以 $100 \div 4 = 25$ 组，即大和尚 25 人.

代数解法：设大和尚有 x 人，小和尚有 y 人，则

$$\begin{cases} x + y = 100, \\ 3x + \dfrac{1}{3}y = 100. \end{cases}$$

解之得 $\begin{cases} x = 25, \\ y = 75. \end{cases}$

算术自身运算的局限性，不仅限制了数学的应用，而且也影响和束缚了数学自身的发展．随着数学自身和社会实践的深入发展，算术解法的局限性日益暴露出来，于是一种新的解题法——代数解题法的产生成为历史的必然．

代数解题法的基本思想是首先依据问题的条件，组成含有已知数和未知数的代数式，并按等量关系列出方程，然后通过对方程进行恒等变形求出未知数的值．初等代数的中心内容是解方程．其与算术的根本区别在于，前者允许把未知数作为运算的对象，而后者把未知数排斥在运算之外，未知数没有参加运算的权利．在代数中，已知、未知数地位同等，可以参与各种运算．解方程实质上就是通过对已知数和未知数的重新组合，把未知数转化为已知数的过程．由此可看出，算术运算不过是代数运算的特殊情况，代数运算是算术运算的发展和推广．

例 3 瑞士大数学家欧拉在其所著的代数基础书中有一个按遗嘱分遗产的问题：

一位父亲临终时，让他的几个孩子按如下方式分配他留给儿子们的钱：老大先拿 100 克朗和剩下的钱的 $\dfrac{1}{10}$，然后老二拿走 200 克朗和剩下的钱的 $\dfrac{1}{10}$，老三再拿走 300 克朗和剩下的钱的 $\dfrac{1}{10}$，老四再拿走 400 克朗和剩下的钱的 $\dfrac{1}{10}$ ……依此类推，把钱分完后发现这种方法好极了，因为每个孩子分得的钱恰好相等．问这位父亲共有几个孩子？每个孩子分得多少钱？

（1）算术法：

老人留下的钱

老大得到的钱		老二得到的钱		……
先	然后	先	然后	
100 元	剩下的 $\dfrac{1}{10}$	200 元	剩下的 $\dfrac{1}{10}$	

依题意，老大分到的总钱数与老二分到的总钱数相等，因此

$$100\,克朗 + (老大拿走\,100\,克朗后剩下的钱的\,\dfrac{1}{10})$$

$$= 200\text{ 克朗} + (\text{老二拿走 200 克朗后剩下的钱的 } \frac{1}{10})$$

所以

$$(\text{老大拿走 100 克朗后剩下的钱的 } \frac{1}{10}) - (\text{老二拿走 200 克朗后剩下的钱的 } \frac{1}{10})$$

$$= 100\text{ 克朗}.$$

所以

$$(\text{老大拿走 100 克朗后剩下的钱 } \frac{1}{10}) - (\text{老二拿走 200 克朗剩下的钱})$$

$$= 1000\text{ 克朗}.$$

1000 克朗除 200 克朗被老二拿去，那么 800 克朗则是老大拿走 100 克朗后又拿去的（即拿走 100 克朗后所剩下的钱的 $\frac{1}{10}$），即老大分得 $100 + 800 = 900$，老人留的总钱数为 $100 + 800 \times 10 = 8100$，$8100 \div 900 = 9$（人）.

（2）**代数方法**.

设老人留下钱 x 克朗，每个孩子分得 y 克朗，所以：

老大分得：$y = 100 + \dfrac{x-100}{10}$;   ①

老二分得：$y = 200 + \dfrac{x-y-200}{10}$;   ②

老三分得：$y = 300 + \dfrac{x-2y-300}{10}$;

②-①得

$$0 = 100 + \frac{y+100}{10}.$$

所以 $y + 100 = 1000$.

所以 $y = 900$，$x = 8100$（克朗）.

比较可知，代数方法简捷，有一定的规律.

由于代数运算具有较大的普遍性和灵活性，因而代数的产生极大地扩展了数学的应用范围，许多在算术中无能为力的问题，在代数中可轻而易举地解决. 不仅如此，代数学的产生对整个数学的进程产生了巨大而深远的影响，许多重大的发现都与代数的思想方法有关. 如对二次方程的求解导致虚数的产生，对五次以上方程的求解产生群论思想，把代数应用于几何问题导致解析几何的产生，等等. 正因为如此，我们把代数的产生作为数学思想方法产生的第一次重大突破的标志.

3.1.2 代数体系结构的形成

"代数"一词原意是解方程的科学，因此最初的代数学即为初等代数. 初等代数作为一门独立的数学分支学科，经历了漫长的历史过程，很难以一个具体年代作为其问世的标志. 它大体经历了文词代数（即用文字语言来表达运算对象和过程）——简字代数（即用简化了的文词来表示运算内容和步骤）——符号代数（即普遍使用抽象的字母符号）三个过程. 从文词代数演进到符号代数的过程，也就是初等代数从不成熟到较为成熟的发育过程. 17 世纪法国数学家笛卡尔第一次提倡用 X, Y, Z 表示未知数.

随着数学的发展和社会实践的深化，代数学的研究对象不断得到拓广，思想方法不断创新，代数学也从低级形态演进到高级形态，从初等代数发展到高等代数. 高等代数有众多的分支学科，如线性代数：讨论线性方程（一次方程）的代数部分，其重要工具是行列式和矩阵；多项式代数：主要借助多项式的性质来讨论代数方程的根的计算和分布，包括整除性理论、最大公因式、因式分解定理等内容；群论：主要研究群的性质，群是带有一种运算的抽象代数系统；环论：主要研究环的性质，带有两种运算的抽象代数系统，其中布尔代数（二值逻辑代数、开关代数等）是带有三种运算的抽象代数系统，这是英国数学家布尔于 19 世纪 40 年代创立，并在线路设计、自动化系统、电子计算机设计方面得到了广泛应用. 此外，还有格论、李代数、同调代数、模论等分支学科. 高等代数与初等代数在思想方法上区别较大，初等代数属于计算性的，并且只限于研究实数和复数等特定的数系，而高等代数是概念性、公理化的，它的对象是一般的抽象代数系统. 因此，高等代数比初等代数具有更高的抽象性和更大的普遍性.

3.2 从综合几何到几何代数化

3.2.1 几何代数化思想的背景

几何学和代数学一样是数学中最基础而又最古老的分支学科之一，几何学经历了漫长的历史发展，其思想方法也发生了一系列重大的变革，在这些变革中起决定作用的一次变革是综合几何到几何代数化的突破. 数学的发展以数和形这两个基本概念为主干，数学思想方法的各种变革，也是通过这两个概念进行的. 几何学作为一门独立的数学学科，以欧几里得《几何原本》的问世为标志. 由于几何学有严谨的推理方法和直观的图形，可以把各种空间性质、图形关系归结成一系列基本概念和基本命题来推演论证,所以数学家大都喜欢用几何思维方式来处理数学问题.几何学在公元前 3 世纪~14 世纪在数学中占主导地位,而代数则处于从属地位,甚至有人把代数看成与几何不相干的学科,这种人为的割裂不仅延误了代数的发展,也影响了几何学的进步.随着数学研究范围的扩大,用几何方法来解数学问题越来越困难,因为许多证明问题往往需要高超的技巧才能奏效,而且推演论证的步骤显得繁难,缺乏一般性方法.正当几何学难以深入发展时,代数学日趋成熟起来,它不仅形成了一整套简明的字母符号,而且成功地解决了二次、三次、四次方程的求根问题,这就使代数学在数学中的地位逐渐上升,于是综合几何思维占统治地位的局面开始被打破.

历史上最先明确认识到代数力量的是 16 世纪的法国数学家韦达,他尝试用代数方法解决几何作图问题,并隐约出现了用方程表示曲线的思想.随着代数方法向几何学的渗透,代数方法的普遍性优点日益显露出来,于是用代数方法改造传统的综合几何思维,以长补短,显得十分必要.实现代数与几何有机结合的关键在于数与形的统一,这项工作由法国数学家笛卡尔完成.他继承和发展了韦达等人的先进数学思想,充分看到代数思想的灵活性和方法的普遍性,并为寻求一种能够把代数全面应用到几何中去的新方法思考了 20 多年.1619 年,他悟出建立新方法的关键在于借助坐标系建立平面上的点和数对之间的对应关系,由此可用方程表示曲线.笛卡尔首先是一个哲学家,特别重视方法论的研究,他的《几何学》作为《方法论》的附录在 1637 年出版;在此附录中,他明确提出坐标几何的思想,并用于解决许多几何问题.此书的问世标志着解析几何的产生.

需要指出的是,笛卡尔的《几何学》一书并不具有现在大家所熟悉的解析几何的全貌,此书是通过一系列例题的求解表达的,在书中,笛卡尔还故意删去了许多证明步骤,使人感到非常难读和费解.他曾对别人说,他自己好比一位建筑师,而把细节留给木工和瓦工去做.其可贵之处在于此书包含了研究几何曲线的代数方法,这使笛卡尔成为这个数学领域的开拓者而名垂史册.解析几何的另一位创始人是与笛卡尔同一时代、同一国度的数学家费尔马,他能完全独立地用代数方程表示几何曲线,他的工作从直接研究希腊几何学家阿波罗尼斯的圆锥曲线开始.

解析几何的出现开创了几何代数化的新时代,它借助坐标实现了空间几何结构的数量化,由此把形与数,几何与代数统一起来.坐标本身就是几何代数化的产物,它既是点的数量关系的表现,又是数量关系的几何直观.如两点间的距离，借助坐标成为代数式 $\sqrt{(x_2-x_1)^2+(y_2-y_1)^2}$；求两曲线交点是几何中较难的问题，若曲线方程给定，则通过联立方程组可求出交点的位置.

例 求证：三角形的三条高交于一点（用综合法、解析法均可证明）.

证明 （证法1：综合几何法）

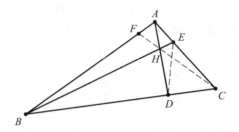

如上图所示，

因为 $AD \perp BC, BE \perp AC$，

所以 $AEDB$ 四点共圆，

所以 $\angle DEC = \angle ABD$.

而 $HDCE$ 四点共圆，

所以 $\angle DEC = \angle CHD$.

所以 $\angle CHD = \angle ABD$，

所以 $FBDH$ 四点共圆.

所以 $\angle BFC = 90°$（对角互补）

（证法2：解析法）

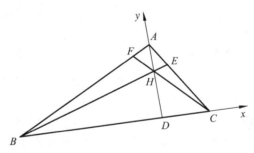

建立如上图所示的直角坐标系，以 BC 为 x 轴，BC 边上的高 AD 为 y 轴.

设 A, B, C 的坐标分别为 $(0, a), (b, 0), (c, 0)$，

则三角形三边的斜率分别是 $K_{AB} = -\dfrac{a}{b}$，$K_{AC} = -\dfrac{a}{c}$，$K_{BC} = 0$.

所以三条高线所在的直线方程分别为：

直线 AD 的方程为：$x = 0$；

直线 BE 的方程为：$y = \dfrac{c}{a}(x-b)$；

直线 CF 的方程为：$y = \dfrac{b}{a}(x-c)$.

这三个方程显然有公共解：$x = 0$，$y = -\dfrac{bc}{a}$.

从而证明了三角形三边的高线共点.

例 2　如图（a）所示，图形由 14 个正方形组成，请问该图形都能用图（b）所示的 7 个"8"字形所覆盖？若能，请给出一种方法；若不能，请说明理由.

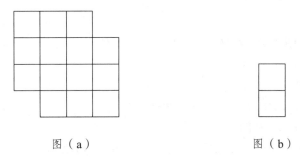

图（a）　　　　　　　　　　　　　　　图（b）

分析　如果用尝试的方法，试来试去，也说不清理由. 若用"代数"的观点，用"1"或者"2"给图（a）中的小正方形做上标记，相邻正方形不用相同的数字. 不难发现，尽管有 14 个小正方形，标"1"的有 8 个，标"2"的有 6 个；或者标"1"的有 6 个，标"2"的有 8 个. 若能用图（b）的两个正方形覆盖，标"1"或"2"的小正方形的个数必相等.

例 3（2015 年山西特岗教师招聘考试）　如图（a）所示，等边 $\triangle ABC$ 中，点 D, E 分别在边 BC, AC 上，且 $BD = \dfrac{1}{3}BC$，$CE = \dfrac{1}{3}CA$，AD 与 BE 相交于 P.

（1）求证：P, D, C, E 四点共圆；

（2）求证：$AP \perp CP$.

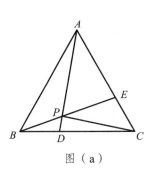

图（a）

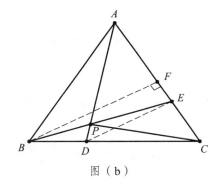

图（b）

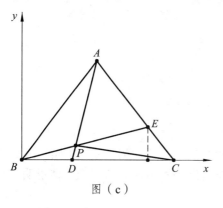 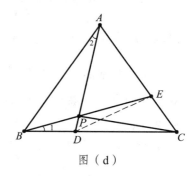

图（c）　　　　　　　　　　图（d）

解（解法 1）

（1）在△ABE 和△CAD 中，$AB = CA$，$AE = CD$，$\angle BAE = \angle ACD$，

所以△ABE ≌△CAD．

所以 $\angle AEB = \angle CDA$．

所以 $\angle PDC + \angle PEC = \angle AEB + \angle PEC = 180°$．

因此，P, D, C, E 四点共圆．

（2）取 AC 的中点 F，连接 DE, BF，如图（b）所示．

由题意知：$\dfrac{CD}{CB} = \dfrac{2}{3}$，$\dfrac{CE}{CF} = \dfrac{2}{3}$．

所以 $\dfrac{CD}{CB} = \dfrac{CE}{CF}$．

又 $\angle ECD = \angle FCB = 60°$，

所以△CDE ∽△CBF．

又 F 为 AC 的中点，可知 $\angle BFC = 90°$．

由（a）知，P, D, C, E 四点共圆，

所以 $\angle DEC = \angle CPD = \angle BFC = 90°$．

从而 $AP \perp CP$．

（解法 2）

（1）如图（c）所示，以 B 为原点，BC 方向为 x 轴的正方向，建立直角坐标系，不妨设等边△ABC 的边长为 3，

则有 $B(0,0)$，$D(1,0)$，$C(3,0)$，$A\left(\dfrac{3}{2}, \dfrac{3\sqrt{3}}{2}\right)$，$E\left(\dfrac{5}{2}, \dfrac{\sqrt{3}}{2}\right)$．

所以过 BE 的直线方程为 $y = \dfrac{\sqrt{3}}{5}x$，

过 AD 的直线方程为 $y = 3\sqrt{3}(x-1)$.

联立解得点 P 的坐标为 $P\left(\dfrac{15}{14}, \dfrac{3\sqrt{3}}{14}\right)$.

可求得过 P, D, C 三点的圆的方程为：$(x-2)^2 + y^2 = 1$.

将点 $E\left(\dfrac{5}{2}, \dfrac{\sqrt{3}}{2}\right)$ 的坐标代入圆的方程得 $\left(\dfrac{5}{2}-2\right)^2 + \left(\dfrac{\sqrt{3}}{2}\right)^2 = 1$，

所以点 E 在 P, D, C 三点的圆上，

所以 P, D, C, E 四点共圆.

（2）由（1）知过 P, D, C 三点的圆的方程为：$(x-2)^2 + y^2 = 1$，其圆心恰为 DC 的中点，

所以 $\angle DPC = 90°$，

所以 $AP \perp CP$.

（用斜率证明垂直也可以）

（解法 3：分析法）

分析：（1）如图（d）所示，

要证 $\angle AEB = \angle ADC$，

又 $\angle AEB = 60° + \angle 1$，$\angle ADC = 60° + \angle 2$，

所以只需证明 $\angle 1 = \angle 2$，

即 $\triangle CBE \cong \triangle BAD$ 即可.

分析：（2）若 $AP \perp PC \Rightarrow \angle APC = 90° \Rightarrow \angle DPC = 90° \Rightarrow CD$ 为圆内接四边形 $PDCE$ 的直径 $\Rightarrow \angle DEC = 90°$ 即可.

证明：$\angle DCE = 60°, CD = \dfrac{2}{3}BC, CE = \dfrac{1}{3}BC$，

所以 $ED = \dfrac{\sqrt{3}}{3}BC$.

又余弦定理

$ED^2 = EC^2 + CD^2 - 2EC \cdot CD \cos 60°$

$= \dfrac{1}{9}BC^2 + \dfrac{4}{9}BC^2 - 2 \cdot \dfrac{2}{9}BC^2 \cdot \dfrac{1}{2}$

$= \dfrac{3}{9}BC^2$，

由勾股定理知 $ED^2 + EC^2 = CD^2$，

即 $\left(\dfrac{\sqrt{3}}{3}BC\right)^2 + \left(\dfrac{1}{3}BC\right)^2 = \dfrac{3+3}{9}BC^2 = \dfrac{2}{3}BC^2$.

所以 $\angle DEC = 90°$

所以 $AP \perp CP$.

3.2.2　几何代数化的意义

1. 把几何学推向新的阶段

传统几何学的逻辑基础主要是推理，基本上是定性研究，而几何代数化后使人们对图形的研究转化为对方程的讨论和求解，使几何学从定性研究转向定量研究，也使人们对图形的认识由静态发展到动态. 代数化后曲线就成为特定性质的点的轨迹.

2. 为代数学的研究提供了新的工具

几何学的概念和术语进入代数学后，使许多代数课题具有了直观性. 我们知道，和几何学相比，代数学具有更高的抽象性，许多抽象的代数式和方程使人难以把握其现实意义，而几何代数化后找到了直观模型，如方程的解可看作曲线的交点坐标. 另外，几何思想方法向代数学移植和渗透，开拓了代数学新的研究领域. 如线性代数是在线性空间概念基础上构造出来的，线性空间就是从几何中借用的. 欧氏空间也类似.

3. 为微积分的创立准备了必要条件

在笛卡尔和费尔马所创立的解析几何中都出现了未知量，并在轨迹的表述中讨论了两组未知量的关系，实际上这就是变量与函数的雏形. 把变数引入数学成为微积分创立的前奏. 恩格斯曾高度评价:数学中的转折点是笛卡尔的变数，他将变数的运动引入了数学，同时也使辩证法进入了数学. 有了变数，使得微分和积分立刻成了必要.

4. 为数学的机械化证明提供了重要启示

定理的机械化证明是现代数学中一个新兴的研究领域，它的方法论基础是利用代数方法把推理程序机械化,并借助计算机来完成. 其根源可追溯到几何代数化.

5. 对数学研究从方法论上予以启示

数学家把点与数对、曲线与方程对应的思想加以发展使函数与点、函数与空间形成对应关系,从而创立了泛函分析这一新的理论. 形数结合创立了微分几何、空间解析几何、向量等思想.

3.3 从常量数学到变量数学

17 世纪，对数学发展具有重大意义的事件，除在解析几何中开辟了几何代数化这一新方向外，还有微积分的创立使常量数学过渡到变量数学，这是数学思想方法的又一次重大突破.

3.3.1 变量数学产生的历史背景

变量数学是相对于常量数学而言的数学领域. 常量数学的研究对象主要是固定不变的图形和数量，包括算术、初等代数、初等几何、三角函数等分支学科. 常量数学描述的是静态事物，它对于事物的运动、变化却无能为力，因此从常量数学发展到变量数学成为历史的必然. 变量数学正是在 16、17 世纪回答自然科学中提出的大量数学问题的过程中酝酿和创立起来的. 在此期间，社会、生产和自然科学向数学提出了一系列与运动变化有关的新问题，如描述非匀速运动物体的轨迹，变速运动物体的速度，曲线的切线、曲线长和面积等. 这些问题尽管内容和提法不同，但从思想方法上看有一个共同特征，即要求研究变量及其变量之间的相互关系，它是 16、17 世纪数学研究的中心课题. 正是对这一中心课题的研究，导致了变量数学的产生.

从数学的发展看，变量数学的基础理论——微积分早在其诞生的两千多年前，就有了思想萌芽. 如公元前 5 世纪，希腊学者德谟克利特为解决不可公度问题创立了数学的原子论——直线可分为若干小线段；公元前 4 世纪，欧道克斯在前人工作的基础上，创立了求曲边形面积与曲面体体积的一般方法——穷竭法；我国古代刘徽的割圆术（割之弥细，失之弥少，割之又割，以至于不可割，则与圆周合体而无所失矣），等等.

微积分的早期先驱者是阿基米德，他继承和发展了穷竭法，解决了许多复杂的曲边形面积问题. 其中做出突出贡献的有开普勒、伽利略、华利斯、笛卡尔、费尔马和巴罗等人，巴罗甚至还接触了微积分的基本原理. 总之，变量数学的产生不仅有其特定的生产和自然科学背景，而且也是数学自身矛盾运动的必然结果.

3.3.2 变量数学的形成及意义

变量数学的产生经历了两个重大步骤：一是，解析几何的产生为变量数学的创始提供了直接前提；二是，微积分的创立成为变量数学创始的主要标志. 如牛顿的老师巴罗在《光学和几何学》中就已把曲线的切线作法与面积联系了起来. 而微积分的主要创始人牛顿-莱布尼兹的最大成就就是明确提出微分法和积分法，并使两者结合了起来.

牛顿主要是从运动学角度来研究和建立微积分的. 他正是继承和总结了先辈的思想方法才有了自己独到的建树，特别是巴罗的工作对他的直接影响. 他的微积分思想最早出现在 1665 年 5 月 20 日的一页文件中，这一天可作为微积分的诞生之日. 在文件中，他称连续变化的量为流动量或流量（fluent），无限小的时间间隔（moment）叫作瞬，而流量的速度，即流量在无限小的时间内的变化率叫流数，牛顿的"流数术"就是以流量、流数和瞬为基本概念的微积分学. 他解决了两个问题：① 给定流量求流数，是导数；② 已知流数求流量，是积分，并用符号 $\dot{x}, \dot{y}$；$\ddot{x}, \ddot{y}$；x', y'；x'', y'' 表示，无穷小量用 $\dot{x}$，o 表示.

与牛顿同时代的德国数学家莱布尼兹是从几何学的角度创立微积分的. 他同样重视前辈的研究，可能也是从巴罗的著作中受到启发. 他重视求曲线的切线问题和求曲线下方面积的问题的相互关系，明确指出微分和积分是互逆的两个过程. 他在日记中描述，若用 $\int y \mathrm{d}y$ 来代替求和，若 $\int y \mathrm{d}y = \dfrac{y^2}{2}$，则立即可从 $\mathrm{d}\left(\dfrac{y^2}{2}\right)$ 中求出 y 值，其中 $\int$ 是一个总和，d 表示差额.

牛顿和莱布尼兹是独立进行研究的，然而又都是在总结前人大量研究成果的基础上，把微分学和积分学从各种特殊问题中概括和提升出来，使它们成为一般化、系统化的运算方法，并明确建立了微积分的互逆关系，现在称为牛顿-莱布尼兹公式. 正如恩格斯所说："微积分是由牛顿和莱布尼兹大体上完成的，但不是由它们发明的."

在科学史上，牛顿和莱布尼兹各自的拥护者曾为微积分的最先发明权进行过一场不愉快的争论. 其实，牛顿在 1687 年的自述中已讲得很清楚："大约十年前，在和非常博学的莱布尼兹的通信中，我告诉他，我证明了一种可以求出极大值和极小值，画出切线并解答类似问题的方法. 当我谈到这一点时，（已知流数求流量，并反过来求）没有把方法告诉他. 莱布尼兹回信告诉我，他也想到了同类型的一种方法，并把它告诉了我. 他的方法除了定义、符号、公式和产生数的想法和我的不一样以外，几乎没有多大差异."

对于牛顿和莱布尼兹在微积分创立史上分别独立地做出的巨大贡献，在数学界和科学界早已公认，并无异议，比较起来，他们的工作各有特色，即牛顿是从运动学或力学角度，从速度概念开始考虑的，而莱布尼兹是从几何学角度，从切线问题开始着手的．牛顿作为物理学家，将微积分成功地应用到具体问题以推广他的研究成果，从应用中证明其方法的价值，而莱布尼兹作为哲学家，虽也注重实际应用，但更多地考虑是怎样建立微积分的一般运算符号和公式．其实，花费心思以选择最好的符号是莱布尼兹工作的一大特点．他曾经说过，要发明就要挑选恰当的符号，要做到这一点，就要用包含少量因素的符号来表达和比较忠实地描绘事物的内在本质，从而最大限度地减少人的思维劳动．

在微积分方法的表达形式上，莱布尼兹的符号确实优于牛顿的符号，它更简洁易懂，便于使用，因而沿用至今．正像有的数学家所指出的：由于牛顿的后继者们的民族主义情结，长期只是袭用牛顿的流数术符号，以致英国的数学有脱离数学发展的真正潮流的倾向，从而使英国的数学渐渐落后于欧洲其他大陆国家．直到 19 世纪，年轻的英国数学家巴伯奇等人为改变这种状况而成立了一个数学分析学会，建议把学会称为"为反对'点'主义，拥护 d 主义而奋斗"的学会，可见在英国使用符号 d 竟是一场奋斗的结果．

继牛顿-莱布尼兹之后，18 世纪对微积分的创立和发展做出卓越贡献的有欧拉、伯努力家族、泰勒、马克劳林、达朗贝尔、拉格朗日等．17、18 世纪的数学几乎让微积分占据了主导地位，变量数学的产生是数学史乃至科学史上的一件大事，它来自生产、科技、自然科学发展的需要以及数学自身的矛盾运动，但又回过头来对它们产生影响．它的作用就像望远镜对于天文学，显微镜对于生物学一样重要，假设没有变量数学，现代物质文明建设将不可想象．

变量数学的产生给数学自身带来了巨大的进步，也影响了常量数学的发展．常量数学的各个分支由于变量数学的渗透，其思想方法发生了深刻的变革．解析数论、微分几何就是变量数学的思想方法向传统数论和传统几何渗透的产物，并派生出许多新的分支．总之，变量数学无论从内容，还是思想方法上很快在整个数学中占据了主导地位．另外，变量数学的产生还有深远的哲学意义，如变量、函数、微积分、微分法、积分法从哲学角度看是辩证法在数学中的应用．马克思曾十分重视微积分发展的历史演变，同样也使其理论基础日渐完善．

3.4　从必然数学到或然数学

3.4.1　或然数学的现实基础

在现实世界中存在着两类性质截然不同的现象：一类是必然现象，只要条件具备，某种结果就一定会发生．如人的生命是有限的；满招损，谦受益；

中学数学中的定理、公式等（二项式定理等，线面垂直），高等代数中的克莱姆法则，数学分析中的中值定理，等等，这些现象中，其条件和结论之间存在着必然的联系．我们把描述和研究必然现象的量及其关系的数学叫作必然数学．另一类与此相对应，如投掷硬币，可能出现正面也可能出现反面；掷骰子出现的各种点数；阴天和下雨之间；孟德尔豌豆杂交试验，等等，这些现象中，条件和结论之间无必然联系，我们把描述和研究或然现象及其关系的数学称为或然数学．从必然数学到或然数学是数学研究对象的一次显著扩张，也是数学思想方法上的一次重大突破．

对于必然现象，可由条件预知其结果如何．如在高等数学中，当我们用微分方程来定量描述某些必然现象的运动和变化过程时，只要建立起相应的微分方程，并给定问题的初始条件，就可通过求解微分方程预知未来某时刻这种现象的状态．海王星的发现就是一例．海王星作为太阳系的九大行星之一，其本身无什么奇特之处，为什么其发现独享盛誉呢？（恩格斯把其同元素周期律的发现相提并论，成为科学史上的勋业）这是因为海王星是依据一种前所未有的新奇方法发现的．在这以前发现的几个行星都是先通过肉眼或望远镜看到，然后据记录，计算出它们的运行轨道．而海王星的发现却不一样．英国天文学家亚当斯根据已知的天王星的存在及特殊运动推断出海王星的存在，并借助微分方程预言海王星在天空中的位置，而后用望远镜按照计算的结果去观测，果然在预言位置附近发现了它．

但是在现实世界中存在着很多或然现象，其条件和结果之间不存在必然联系，因此，无法用必然现象中的数学知识加以定量的精确描述，但这并不意味着或然现象就不存在数学上的数量规律．从表面上看，或然现象是杂乱无章的，无任何规律可言，但如果仔细观察，就会发现，当同类的或然现象大量重复出现时，它在总体上将会呈现出某些规律性．如当多次重复地投掷一枚质量均匀的硬币时将会发现，出现正面的次数与总投掷次数之比总在 $\frac{1}{2}$ 左右摆动，而且随着投掷次数的增加，其比值越来越接近于 $\frac{1}{2}$．大量同类或然现象呈现出来的集体规律性叫作统计规律性．这种统计规律性的存在就是或然现象的现实基础．统计规律性是基于大量或然现象而言的，是一种宏观的、总体性的规律，它不同于单个生物或现象表现出的微观性规律．

3.4.2　或然数学的产生和发展

概率论是或然数学的一门基础理论，也是历史上最先出现的或然数学的分支学科,它的创立可作为或然数学产生的标志.概率论创立于 17 世纪,但其思想萌芽可追溯到 16 世纪.在自然界和社会生活中存在着各种各样的或然现象,但最先引起数学家注意的是赌博中的问题.16 世纪意大利数学家卡当曾计算过掷两颗或三颗骰子时,在所有可能的方法中有多少种方法能得到某一预想的总点数,其成果集中体现在《论赌博》一书中.由于赌博中的概率问题最为典型,因此从这类问题着手研究或然现象的数量规律,成为当时数学研究的一个重要课题.

促使概率论产生的直接动力是社会保险事业的需要.17 世纪随着资本主义工商业的兴起和发展,社会保险事业应运而生,这就激发了数学家们对概率问题进行研究的兴趣,这是因为保险公司需要计算各种意外事件发生的概率,如火灾、水灾、死亡等.由于概率论的思想和方法在保险理论、人口统计、射击理论、财政预算、产品检验等方面有着广泛的应用,因此它很快成为许多数学家认真研究的一个领域.作为数学的分支学科,它是 17 世纪经许多数学家之手创立起来的,其中做出突出贡献的有帕斯卡、费尔马、惠更斯、雅克比、贝努利等人.

概率论的许多重要定理是在 18 世纪提出和建立起来的,棣美佛在他的《机会的学问》一书中提出了著名的棣美佛中心极限定理,这是拉普拉斯中心极限定理的一种特殊情况;而拉普拉斯提出了一般情况的中心极限定理,他撰写的《分析概率论》和《概率的哲学探讨》具有重要的理论和应用价值;蒲丰在其《或然算术试验》一书中提出了著名的"蒲丰投针问题".高斯和泊松也对概率论做出了突出贡献,其中高斯奠定了最小二乘法和误差理论的基础,泊松提出了一种重要的概率分布——泊松分布.从 19 世纪末开始,随着生产和科学技术中概率问题的大量出现,概率论得到了迅速发展,并不断派生出一系列新的分支.如俄国的马尔克夫创立的马尔克夫过程论在原子物理、理论物理等方面有着广泛的应用.此外,还有平稳随机过程论、随机微分方程论、概率逻辑、数理统计、统计物理学、生物统计学,等等.目前,或然数学已成为具有众多分支的庞大的数学部门,它仍处于发展之中,且得到更加广泛的应用.

目前,高中试验教材增加了概率统计的有关内容,因此,关于这一方面,需花笔墨予以介绍(内容比较浅显、直观、易学).

例 1 张三和李四相约晚上 7～8 时在码头会面,商定先到者等候 15 分钟,若仍然不见对方方可离去.假如两人抵达时间在 7 点与 8 点之间,两人会面的可能性有多大?

分析 设甲先到,甲 7:00,乙最晚 7:15,如图中阴影部分所示.

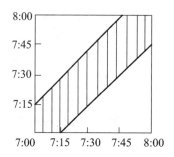

解 以 x, y 分别表示张三、李四到达的时刻，则

$$0 \leqslant x \leqslant 60, \ 0 \leqslant y \leqslant 60.$$

若以 x, y 来表示平面上点的坐标，而所有可能到达时刻组成平面上边长为 60 的正方形，两人会面的充要条件是

$$|x - y| \leqslant 15,$$

即图中阴影部分. 则所求概率为

$$p = \frac{\text{阴影部分的面积}}{\text{正方形的面积}} = \frac{60^2 - (60 - 15)^2}{60^2} = 1 - \frac{45^2}{60^2} = \frac{7}{16}.$$

在此找到了概率与几何之间的联系，即统计试验法.

历史上，蒲丰曾用投针这一奇特试验来求解圆周率 π 的近似值. 一日，他邀请许多宾朋至家中，便把事先画好的有一条条等距离的平行线的白纸铺在桌上，又拿出一些质量均匀、长度为平行线间距离之半的小针. 之后，他请客人把针一根根地随便投到纸上，而蒲丰则在一旁计数，结果共投 2212 次，其中与任一平行线相交的有 704 次. 蒲丰又做了简单的除法 $\frac{2212}{704} \approx 3.142 \cdots\cdots$ 至此，他宣布此数值为圆周率的近似值.

例 2 有三扇可供选择的门，其中一扇门的后面是辆汽车，另两扇门的后面是空的. 测试者首先让你任意挑选；在你选定后（比如选的 A 门），测试者再将未选的两扇门中的一扇空门（比如是 B 门）打开，然后问你，为了有较大的机会选中汽车，你是坚持原来的选择，还是愿意换另一扇门（即弃 A 门，另选 C 门）？

分析 此题在美国从小学二年级学生到研究生均卷入了讨论，答案是应该另选另一扇门. 接着收到 1 万多封信，其中 1000 多份信出自有博士头衔的读者之手，认为答案错误. 某院校概率课成绩较好的学生写道：测试者用没有车的门进行干扰，若选错，他不会采取如此行动，因此坚持原来的选择.

从纯数学的角度看，这是一道很简单的概率问题，仅是古典概率中最基本的等可能事件的概率及基本计算方法，无需用任何更多的专业知识．此题既简单又突破了书本上的常规模式题型，体现了变异性和灵活性，只要能确信不换的概率是 $\frac{1}{3}$，而换的概率 $\geq \frac{1}{3}$ 即可．仔细分析发现，不换答案而猜中的概率为 $\frac{1}{3}$，换答案而猜中的概率为 $\frac{2}{3}$（必换一扇门等价于选择了 B, C 两扇门）．

此次测试留下的反思是深刻的，学生在校究竟学到了什么，成绩优秀和高学历学生在一道简单问题面前也是人仰马翻．这就是说，应试教育始终摆脱不了死读书、穷做题的阴影．

3.5 从明晰数学到模糊数学

20 世纪 60 年代，随着现代科学技术的发展，数学领域中又涌现出一支新秀——模糊数学．它无论在研究对象上还是在思想方法上，都与已有的数学有着质的不同，它的产生不仅极大地拓展了数学的研究范围，而且还带来了数学思想方法的一次重大突破．

3.5.1 模糊数学产生的背景

模糊数学是在特定的历史背景下产生的，它是数学适应现代科学技术需要的产物．现实世界中的量是多种多样的．若按界限是否分明，可把这些无限多样的量分为两类：一类是明晰的，如所有大于 1 的实数就是一明晰概念．其范围完全确定，用属于或不属于即可确定数的范围．另一类是模糊的，如所有比 1 大得多的实数就是一模糊概念．其实，模糊的量是大量存在的．如"明年发大水的可能性很大"，这里发大水本身不明确，可能性很大也不明确；美丽、好、老、冷热、厚、薄、优秀、年轻等，这些概念在量上也无明晰的界限．对于这些事物和现象用明晰的量进行精确研究和刻画是难以奏效的，只有用一种"模糊"的方法来描述和处理，才能使结果符合实际．因此，随着社会实践的深化和科学技术的发展，对"模糊"数学方法进行研究也就成为十分必要的了．这也是模糊数学产生的背景之一．

还有，电子计算机的发展为模糊数学的诞生创造了条件．电子计算机自 20 世纪 40 年代问世以来，在生产和科学技术各领域的应用日趋广泛，它的发展的一个重要方向就是模拟人脑的思维来处理各种复杂的问题．而人脑本身是一个复杂的系统，人脑中的思维活动之所以具有高度的灵活性，能够应付多变的环境，其中一个重要原因就是人类的思维带有模糊的特色，是逻辑思维和非逻辑思维同时在起作用. 例如，要认定一个长大胡子的人，并不需要知道他究竟有几根胡子，恰恰相反，若知道得太精确，反而不可能很可靠地进行工作. 也就是说，非逻辑思维无法用明晰数学来刻画. 因此，以二值逻辑为理论基础的电子计算机无法真实模拟人脑的思维活动，自然不具备人脑处理复杂问题的能力，即出现了智能发展障碍. 例如，看电视需要把图像和声音调得清楚些，只要稍微调开关即可，若让计算机来进行这项工作，照此给机器汇编程序，则会遇到语言上的困难，因为"满意""清楚"是个模糊概念，不能被普通的程序语言接纳. 如此容易的事电子计算机却难以办到，这对电子计算机，特别是人工智能的发展无疑是一个极大的障碍. 为了把人的自然语言算法化并编入程序，让电子计算机能够描述和处理那些具有模糊量的事物，从而完成更复杂的工作，就必须建立起一种能够描述和处理模糊的量及其关系的数学理论，这是模糊数学产生的另一直接背景. 由此可看出，精确的数学计算在许多场合是必需的，然而当我们要求计算机具有人脑功能时，精确这个长处在某种程度上反而成了短处. 因此，数学计算时具有一定的模糊性是必须的，由此才能使计算机吸取人脑识别与判决的优点，以便高效率地处理模糊系统.

模糊数学的创立者是美国加利福尼亚大学的扎德教授，他为了改进和提高电子计算机的功能，认真研究了传统数学的基础——集合论，他认为，要从根本上解决电子计算机的发展与数学工具局限性的矛盾，必须建立起新的集合论. 他于 1965 年发表了《模糊集合》论文，这一论文的发表标志着模糊数学的诞生.

3.5.2　模糊数学的思想方法

扎德教授提出的描述模糊事物的新的数学方法，就是把隶属关系进一步数量化. 为此，他推广了经典集合论的概念. 如"所有大于 1 的实数"，其特征函数只取 0, 1 两个值: $\begin{cases} 1, x \in A \\ 0, x \notin A \end{cases}$，而"所有比 1 大得多的实数"描述了"亦此亦彼"的模糊现象，它允许在符合与不符合之间存在中介状态. 它使元素与集合之间"非零则 1"的绝对隶属关系变为可取"0 与 1 之间任意实数"的相对隶属关系. 可用隶属函数表示模糊集 Fuzzy，即集合→[0, 1]上的映射，用 $u_A(x)$ 表示隶属度.

例1 "所有比1大得多的实数"表示为 $u_A(x) = \begin{cases} 0, & x \leq 1, \\ \dfrac{\dfrac{1}{100}}{1+\dfrac{100}{(x-1)^2}}, & x > 1. \end{cases}$

例2 "年轻"和"年老"是两个模糊概念,可用 Fuzzy 来描述, $u = [0,100]$ 表示年龄:

$$Y_{年轻} = \begin{cases} 1, & 0 \leq u \leq 25, \\ \left[1+\left(\dfrac{u-25}{5}\right)^2\right]^{-1}, & 25 \leq u \leq 100; \end{cases}$$

$$Y_{老} = \begin{cases} 0, & 0 \leq u \leq 50, \\ \left[1+\left(\dfrac{u-50}{5}\right)^{-2}\right]^{-1}, & 50 \leq u \leq 100. \end{cases}$$

例如,60 岁的人属于年老集合的程度 $u_A(x) = 0.8$,属于年轻集合的程度 $u_A(x) = 0.2$,即 60 岁的人还有 20%的程度属于年轻;80 岁的人,属于年老集合的程度为 $u_A(x) = 0.97$;35 岁的人属于年轻集合的程度为 $u_A(x) = 0.8$,即 35 岁的人有 20%的程度属于年老. 若 $u_A(x) = 1$ 或 0 表示 x 完全属于 A 或完全不属于 A,显然,普通集合可看作模糊集合的特例,模糊集合是普通集合的自然推广.

模糊数学作为一门新兴的数学学科,虽然它的历史很短,但它是在现代科技的迫切需要下应运而生的,因而对于它的研究,无论是基础理论还是实际应用都得到了迅速发展.

目前在理论方面,模糊关系矩阵、综合评判、决策、规划、识别、控制等得到了迅速发展,并已应用到林业、生物、医学、酒、食品工业、成绩评定、经济、信息、控制、人工智能等方面.

值得一提的是,虽然模糊性事物没有绝对的界限,但它还是有相对的标准. 也就是说,总不会有人把雪说成黑的,把 1.5 米的人说成是高个子,把五官欠端正者说成是漂亮.

3.6 从手工证明到机器证明

机器证明是 20 世纪 50 年代开始兴起的一个数学领域,它也是现代人工智能发展的一个重要方向. 从传统的手工证明到定理的机器证明是现代数学思想方法的又一次重大突破.

3.6.1　机器证明的必要性和可能性

定理的机器证明的出现不是偶然的，而有其客观的必然性，它既是电子计算机和人工智能发展的产物，也是数学自身发展的需要.

（1）首先，现代数学的发展迫切需要把数学家从繁难的逻辑推演中解放出来. 任何数学命题的确立都需要严格的逻辑证明，而数学命题的证明是一种极其复杂而富有创造性的思维活动，它不仅需要根据已有条件进行逻辑推理，而且常常需要较高的技巧、灵感和洞察力. 有时为了寻求一个定理的证明还需开拓出一种全新的思路，而这种思路的形成有时需要数学家付出几十年、几百年乃至上千年的艰苦劳动（费马、哥德巴赫猜想）. 因此，若把定理的证明交给计算机去完成，就可使数学家从繁难冗长的逻辑推演中解放出来，从而把精力更多地用于富有创造性的工作上.

（2）机器证明的必要性还表现在数学中存在着大量传统的、单纯人脑支配、手工操作的研究方法难以奏效的问题. 这些问题因证明步骤、过程过于冗长，工作量巨大，在人的有生之年是无法完成的，而电子计算机具有信息储存量大、信息加工及变换速度快等优越性，所以借助计算机的优势可能使繁难问题得到解决. 四色猜想的证明即为一例. 它提出于 19 世纪中叶，说的是：对平面或球面上的任何地图，用四种颜色就可使相邻的国家和地区分开. 许多数学家做了很多尝试也未能解决，直到 1976 年，借助电子计算机才解决了这道百年难题. 为证明它，使用高速电子计算机花费了 120 个机器小时，才完成了 300 多亿个逻辑判断. 如果这项工作由一个人用手工来完成，大约需要 30 万年.

（3）机器证明的可能性. 从认识论看，定理的证明是由创造性和非创造性工作之间的关系决定的. 在定理证明的过程中，既有创造性思维活动，又有非创造性思维活动，两者互为前提，互相制约，互相转化. 当我们通过算法把定理中的创造性工作转化为非创造性工作之后，就有可能把定理的证明交给计算机来完成.

3.6.2　机器证明的思想及发展

理论研究表明，的确有不少类型的定理证明可以机械化，可以放心地让计算机来完成. 希尔伯特的机械化定理就是对定理证明机械化可能性的理论探讨. 吴文俊教授所著的《几何定理机器证明的基本原理》, 对其可能性和思想做了深入研究. 首先, 几何问题代数化后, 有些代数问题的计算量过大, 让人望而却步; 其次, 代表几何关系的那些代数关系式往往杂乱无章, 使人无所措手足, 因此把杂乱无章的代数式整理得井然有序便是计算机的功能. 至此, 几何定理的机器证明可通过下面三个步骤来完成.

（1）从几何的公理系统出发, 引进数系统与坐标系统, 使任意几何定理的证明问题成为纯代数问题.

（2）对几何定理中题设部分的代数关系式进行整理, 然后依据确定步骤验证定理终结部分的代数关系式可否从假设部分已整理成章的代数关系中推出.

（3）依据第二步中的确定步骤编成程序, 并在计算机上实施, 以得出定理是否成立的最后结论.

其中, 第一步称为几何的代数化与坐标化, 第二步称为几何的机械化, 第三步中能否利用计算机做最后验证完全依赖于第二步的机械化是否可能.

如：三角形的三条高交于一点的证明思路可用坐标法完成.（略）

机器证明的思想可追溯到几何代数化思想的出现, 然而历史上最先从理论上明确提出定理机械化思想的是希尔伯特. 1899 年, 他在《几何基础》中, 提出了有名的希尔伯特机械化定理. 即从公理出发, 建立坐标系, 引进数系统, 把几何定理的证明转化为代数式的运算. 1950 年, 波兰数理逻辑学家塔尔基斯进一步从理论上证明了初等代数、初等几何中的定理可以机械化.

机械化证明史上第一项奠基性的工作是由美国卡内基大学-兰德公司协作组做出的. 1956 年, 他们成功地证明了由罗素和怀特海所著的《数学原理》中的 52 条定理, 他们应用心理学方法将人脑所遵循的一般原则、经常采用的策略、技巧等方法编进程序, 让计算机自己具有探索解题途径的能力, 该程序称为启发式程序. 另外, 还有著名的美籍华人王浩教授, 1959 年, 他用 95 分钟的时间, 在机器上证明了《数学原理》中的 350 条定理, 引起了数学界的轰动.

1965 年, 美国数学家鲁滨孙在改进算法程序、提高机器证明效率方面提出了归结原理, 这具有重要的方法论意义, 大大推动了机器证明的研究. 70 年代, 在机器证明方面取得了重大进展, 美国数学家阿佩尔和黑肯借助计算机成功地解决了"四色猜想"的证明问题.

我国数学家在机器证明研究上取得了显著成果, 引起了国内外学术界的关注. 1977 年吴文俊教授证明了初等几何中一类定理的证明可以机械化, 1980 年他还借助一台微机发现了两个几何学的新定理. 张景中教授在所著的《平面几何新路》中，以面积为核心，建立了几何学新体系，其提出的方法在机器证明中得到了应用，使西方学者 30 多年来未获得显著进展的用机器生成可读证明的难题得到了突破；1992 年与周咸青、高小山合作，实现了可读性证明的自动生成. 这是一种既不以坐标为基础，也不同于传统的综合方法，而是一个以几何不变量为工具，把几何、代数逻辑和人工智能方法结合起来形成的开发系统. 它选择几个基本的几何不变量和一套作图规则，并建立一系列与这些不变量和作图规则有关的消点公式，当命题的前提以作图语句的形式输入时，程序可调用适当的消点公式把结论中的约束点逐个消去，最后达到水落石出的目的. 基于此法所编写的程序，已在微机上对数以百计的困难较大的几何定理完全自动地生成了简短的刻度证明，其效率比其他方法高很多. 这一成果被国际同行誉为使计算机能像处理算数那样处理几何的发展道路上的里程碑，是自动推理领域的最重要的工作. 消点法把证明与作图联系起来，把几何推理与代数演算联系起来，使几何证明题的逻辑性更强了，从而结束了两千年来几何证明无定法的局面，也把初等几何证题法从四则杂题的层次推进到代数方法的阶段，使几何证题思路有了以不变应万变的模式.

例　如图所示，$\triangle ABC$ 的中线 AM, BN 相交于 G，求证：$AG=2GM$.

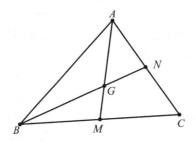

分析　弄清作图过程：

（1）任取不共线三点 A, B, C；

（2）取 AC 的中点 N，BC 的中点 M；

（3）取 AM, BN 的交点 G.

要证明 $AG = 2GM$，则 $\dfrac{AG}{GM} = 2$. 为此，应当顺次消去结论式左端的点 G, M, N.

证明　$\dfrac{AG}{GM} = \dfrac{S_{\triangle ABN}}{S_{\triangle BMN}} = \dfrac{S_{\triangle ABN}}{\dfrac{S_{\triangle BCN}}{2}} = 2 \cdot \dfrac{S_{\triangle ABC} \cdot \dfrac{1}{2}}{S_{\triangle ABC} \cdot \dfrac{1}{2}} = 2.$

从上例可以看出：只要题目中的条件可以用尺规作图表示出来，并且结论可以表示成常用几何量的多项式等式，总可以用消点法写出解答. 当要消去某点时，一看该点是怎么产生的，即与其他点的关系；二看该点处于哪种几何量中．由于几何作图只有有限种，几何量也只有有限个，故消点法也是有限的，实际上，它是几何证题可以机械化的基本依据．

　　以上考察了数学发展史上发生的六次思想方法的重大突破．除此之外，还有许多重大事件也都具有突破性，它们不同程度地带来了数学思想方法的重大变化．如非欧几何、群论、突变理论、非标准分析．随着数学研究的深入，人们将会提出一系列新的重大课题，对于这些课题的探讨必然会引起数学在思想方法上的重大突破，使数学的面貌发生新的改观．

4　数学思想方法选讲

4.1　数学公理化方法

4.1.1　公理化方法的意义

公理化方法是重要的数学思想方法之一，现代数学中许多理论体系都是按公理法建构起来的. 随着数学知识在其他学科中的广泛应用，公理化方法也日益应用到其他学科中. 但是长期以来，人们对这种方法存在着各种各样的看法，当然也有许多争议. 因此，如何正确认识数学中的公理化方法，不仅对数学学科的发展，而且对相关学科的建设也有重要的意义. 基于此，有必要对公理化方法的意义、发展简史以及在数学中的应用等一系列问题进行研究.

在数学中，反映数学关系和数学事实的主线是数学命题和定理. 一个命题是通过某些已知命题推导出来的，而这一已知命题又是由更先前已知的命题推导出来. 然而，我们总不能这样无限地追溯上去，而应将一些命题作为起点，并把这些作为起点并被承认下来的命题称为公理. 同样，对于概念来讲，也有些不加定义的原始概念，并以此为基础来讨论公理方法的意义.

关于公理方法的意义有如下几种观点：

（1）从尽可能少的无定义的原始概念和一组不证自明的命题（公理）出发，利用纯逻辑推理法则，把一门数学建成演绎系统的一种方法.

（2）从尽可能少的无定义的原始概念和不加证明的原始命题（公理、公设）出发，运用逻辑方法推导出其他定理和命题.

（3）在一个数学体系中，尽可能地选取原始概念，以不加证明的一组公理为出发点，利用纯逻辑推理的方法，把该系统建立成一个演绎系统的方法.

由于不证自明较含糊，一般认为（3）较合适.

这里所指的基本概念和公理当然必须如实反映数学实体对象的最单纯的本质和客观关系，而并非人们自由意志的随意创造.

4.1.2　公理化方法发展简史

公理化方法发展的历史，大致可分为四个阶段：

4.1.2.1 公理化方法的产生阶段

公理化方法是在数学和逻辑学的发展过程中产生的，古希腊的毕达哥拉斯学派开创了把几何学作为证明的演绎科学来进行研究的方向；欧道克斯在处理不可公度比时，建立了以公理为依据的演绎法．古希腊的哲学家为了辩论的需要，发明了辩论术，其中，柏拉图详尽论述了论辩方法，阐明了许多逻辑原理．大约在公元前三世纪，希腊的哲学家和逻辑学家亚里士多德总结和概括了前人的几何和逻辑知识，在其《分析篇》中第一次对公理方法做了论述，即论述了怎样进行演绎证明，研究了关于演绎证明的逻辑结构和逻辑要求，从而奠定了公理化方法的基础，但是他在逻辑中并没有系统的应用公理方法．

亚里士多德的思想方法深深地影响了公元前三世纪的希腊数学家欧几里得．在数学发展史上，第一次系统的应用公理化方法的是欧几里得，他把形式逻辑的公理演绎方法应用于几何学，完成了数学史上的重要著作《几何原本》．他在古代测地术和关于几何形体的原始直观描述中，运用抽象分析的方法提炼出一系列的基本概念和公理，由此出发运用演绎方法将当时所知的几何学知识全部推导出来，这是古代数学公理化方法的辉煌成就．《几何原本》的问世标志着数学领域中公理化方法的诞生，它的贡献不仅仅在于发现了几何新定理，而在于把几何学知识按公理系统的方式安排，使得反映各项几何事实的公理和定理能用论证串联起来，组成一个井井有条的有机整体，建立了几何新体系．如图所示．

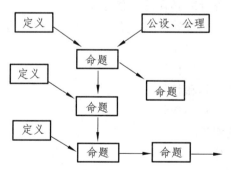

欧几里得的《几何原本》全书共 13 卷，内容包括直边形和圆的性质、比例、相似形、数论、不可公度量的分类、立体几何等，第一卷给出全书最初的 23 个定义、5 个公设和 5 个公理．

23 个定义：

（1）点是没有部分的．

（2）线是没有宽度只有长度的．

（3）线的界限是点.

（4）直线是这样的线，它对于其上的所有点具有同样的位置.

（5）面只有长度和宽度.

（6）面的界限是线.

（7）平面是这样的面，它对于其上的所有直线具有同样的位置.

（8）平面上的角是在一个平面上的两条相交直线相互的倾斜度.

（9）当形成一角的两线是一直线的时候，这个角叫作平角.

定义（10）~（22）是关于直线和垂线、钝角和锐角、圆和圆的中心、直线形、三角形、四边形、菱形、梯形等的定义的.

最后一个定义（23）：平行直线是同一平面上尽管向两边延长也决不相交的直线.

公设：是一种假设事项，从其结果是否符合实际，检验是否为真，只适用于几何.

5个公设：

（1）从每一点到另一点可引直线.

（2）每条直线都可以无限延长.

（3）以任意点为圆心，可用任意长为半径作一圆.

（4）所有直角都相等.

（5）同平面内两条直线与第三条直线相交，若其中一侧相交的两个内角和小于两直角，则该两直线必在这一侧相交.

公理：是人们明白无疑的公共观念，适用于一切科学.

5个公理：

（1）等于同一个量的量相等.

（2）等量加等量，其和相等.

（3）等量减等量，其差相等.

（4）能重合的量相等.

（5）全体大于部分.

《几何原本》是在上述23个定义、5个公设、5个公理的基础上，按公理化的手法，以一定的逻辑体系建立起来的，由此可以推导出平面几何和立体几何的全部内容.《几何原本》是世界上最早的一本内容丰富的数学巨著，也是首次在公理法基础上逻辑地建立几何学的尝试. 它标志着数学领域公理化方法的诞生，极大地影响了西方数学的发展，成为后世数学家进行数学研究、构造数学理论的最重要的方法，在数学发展历史上曾一度成为数学理论体系的唯一表述方法.

不过，这本巨著也存在很多缺点：① 定义不自足. 试图对一切概念都给予定义，如"点、线、面"都下了定义，但其用了部分、长、宽、界等定义，它们的意义模糊不清，缺乏逻辑性. ② 公理贫乏. 缺少顺序性公理、运动公理、连续性公理. ③ 依赖直观. ④ 第五公设表述啰唆，不够显然等. 因此，如何使其成为逻辑上完美无缺的科学，许多人在其后做了许多完善工作.

4.1.2.2 公理化方法的完善阶段

事实上，几何原本的不足之处早已为数学家所察觉，如阿基米德为严格表述有关长度、面积和体积的测量理论，对欧氏几何公理系统做过必要的补充，提出了阿基米德公理：

$a < b$，则存在正整数 n，使得 $na > b$.

另外，由于第五公设在陈述与内容上的复杂和累赘，使得数学家怀疑第五公设是否是多余的，并认为欧几里得之所以把它当作公理是因为他未给出这一命题的证明，因而学者们纷纷致力于第五公设的证明，但均告失败. 经过两千多年漫长岁月的探索，终于得到了一系列等价命题.

（1）过直线外一点有且只有一条直线与该直线平行.（普雷菲耳）

（2）两平行直线中，一条直线上的点到另一条直线的距离相等.

（3）平面上两条不相交直线彼此相隔的距离是有限的.（普罗科拉斯）

（4）三角形内角和等于两直角.（纳连拉丁）

（5）存在着相似三角形.（乌利斯、萨开里）

（6）一直线的垂线和斜线总相交.（勒让德）

（7）过平面上不共线的三点可作一圆.（伏·波耶）

（8）通过一个角的任一内点，总可以引直线与角的两边相交（勒让德）

（9）若四边形的三个角是直角，则第四个角也是直角.（克莱罗）

（10）三角形三条高线交于一点.

基于两千多年来在证明第五公设的征途上屡遭失败的教训，当时年轻的数学家罗巴切夫斯基、黎曼、鲍耶产生了与前人完全不同的信念，认为第五公设不能以其余的几何公理为基础来证明，除了第五公设成立的欧氏几何外，还可以有第五公设不成立的新几何系统的存在，并把这种不同于欧氏几何的公理系统称为非欧几何.

非欧几何学中的一系列命题与人们的朴素直观不相符合，这是其在开创阶段遭到冷嘲热讽的重要原因，但其不仅为公理化方法进一步奠定了基础，而且为公理化方法的推广和新的数学理论的建立提供了依据.

非欧几何的创立大大提高了公理化方法的声誉，接着便有许多数学家致力于公理化方法的研究. 康托和戴德金不约而同地拟成了连续公理；巴士在 1882 年拟成了顺序公理. 在此基础上，希尔伯特于 1899 年发表了《几何基础》一书，终于解决了欧氏几何中的缺陷问题，完善了几何学的公理化，成为近代公理化思想的代表作.

4.1.2.3　公理化方法的形式化阶段

欧氏几何的公理化表述，可称为实体公理化，其概念直接反映了数学实体的性质，受直观性的约束. 希氏的《几何基础》一书，完善了几何学公理，产生了全新的形式公理化方法（摆脱空间观念的直觉成分），它在所给定的公理化系统中涉及的对象可以是任何事物，事物和对象之间的关系，也有具体意义的任意性，这就使公理摆脱了直观成分，而且上升到更加抽象的形式，因而把公理化方法本身推向形式化阶段（5 组 20 条公理），如图所示.

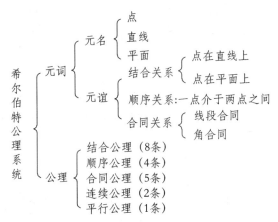

那么实体公理化方法与形式公理化方法有什么本质差异呢？

实体公理化：在一个公理系统中，基本概念不是原始概念，而是给基本概念下了定义，即一个公理系统所研究的对象的范围、含义和特征先于公理而给定，而公理只是表达这类特定对象的基本性质. 正因为如此，研究对象先于公理给出，它是一种"对象—公理—演绎"系统，其公理具有"自明性". 由于这些对象具有明显的直观背景——现实空间（因而是"实"的或"具体"的），使得人们可以用所谓的直观性来作为公理的判断依据. 如《几何原本》.

形式公理化：在一个公理系统中，基本概念作为不加定义的原始概念，即在一个形式化公理系统中所研究对象的范围、含义、特征不是先于公理而确定，而是后由公理确定. 希尔伯特的公理体系被认为是形式公理系统，也就是说，公理系统中的基本概念只具"形式"而不具"内容"，公理组所阐述的是对基本概念的规定，而不是基本概念"自明"的特征. 形式化公理系统反映的不只是特定的研究对象的性质，而是许多具有相同结构的对象的共同性质. 也就是说，形式化公理系统中不再是由对象决定公理，而是由公理来决定对象. 即谁能满足公理组所要求的条件，谁就可以作为该公理系统的基本对象. 所以只要满足给定的公理，称它们是什么也就无关紧要了，这正如希尔伯特所说："我们必定可以用桌子、椅子和啤酒来代替点、线、面".

这两种公理化方法的本质差别在于前者的基本概念先于公理而被定义，即公理受基本概念的制约，有明显的几何意义，而希尔伯特公理体系中的基本概念后由公理组来确定，即谁满足公理的条件谁就有资格作为该系统的对象. 如希氏中的"点""线"等解释成几何中的点、线就得到了初等几何理论；若解释成代数中的线，即 (x, y) 与 $ax + by + c = 0$，可得到初等代数理论. 这是希氏几何公理系统独立于基本概念而带来的最大优点. 因此，希氏几何系统从字面上看没有离开几何实体，但却为现代形式化公理系统奠定了基础，这也是其被称为公理化方法发展史上的一个里程碑的重要原因. 运用公理法的思想研究几何，几何空间就被认为是由基本对象所形成的集合，对象之间只需满足公理所规定的关系即可. 一切符合公理系统的对象都能组成几何学，几何图形只不过是几何学的一种直观形象，每一个几何学的直观形象不是只有一种，可能有无穷多个.

4.1.2.4　纯形式公理化

虽然希氏公理系统从本质上讲是一个形式化的公理系统，然而，它毕竟没有离开几何研究内容的范围，为了使形式公理化系统充分发挥作用，就必须使形式理论来自具体模型，而又要离开具体模型，达到指导模型、发展新模型的目的. 现代形式公理系统的主要特点是：一方面要高度的形式化、符号化，另一方面要应用现代数理逻辑作为它演绎推理的工具.

为了避免在数学中出现悖论，希尔伯特认为要设法绝对地证明数学的无矛盾性，由此引起他对证明论的研究，即纯形式公理化. 其基本思想是：采用符号语言把一数学理论的全部命题变成公式的集合，然后证明公式集合的无矛盾性. 具体来说，就是在此集合中，概念均换成符号，公理及定理均写成公式，推导则成了公式的变形. 纯形式公理化方法，不仅推动着数学基础的研究，还推动着现代算法论的研究，从而为数学应用于计算机等现代科学技术开辟了新的道路.

如前所述，数学公理化的目的就是要把一门数学表述成一个演绎系统，因而如何引进基本概念，确立一组公理便是公理化方法运用的关键，一般来讲，要满足和谐性（即由公理系统不能推导出两个互相矛盾的命题）、独立性（即公理系统的任何一条公理均不能由其他公理用逻辑推理的方法加以证明，保证公理个数的极小值）、完备性（一个公理系统应列举出足够的基本概念制约其公理，使得由它们推出所有命题时有足够的依据，无须直观默认，保证公理个数的极大值）。但要验证并不那么简单，如欧几的相容性→实数理论的无矛盾→自然数系统无矛盾→集合论，只要把自然数系统无矛盾作为公理，则几何公理系统的协调性，在相对意义上就解决了。

4.1.3　公理化方法的应用举例

高等数学中目前运用公理公方法较典型的有近世代数、集合论、概率论。

1. 概率论

概率论是应用最广的分支之一，但最初的事件、概率等基本概念无明确的定义，导致概率论出现了一些矛盾，如贝特朗奇论（在半径为 1 的圆内随机地取一条弦，问其超过该圆内接等边三角形的边长 $\sqrt{3}$ 的概率为多少？）。

19 世纪末，数学的各个分支广泛流行一股公理化潮流。1933 年，苏联数学家柯尔莫哥洛夫提出概率论的公理化结构，使概率论成为严谨的数学分支，他以样本点作为基本概念、Ω 作为样本空间。

定义：在事件域 F 上的一个集合函数 P 称为概率，若它满足如下三条件：

（1）$P(A) \geqslant 0$，对一切 $A \in F$；

（2）$P(\Omega) = 1$；

（3）若 $A_i \in F(i = 1, 2 \cdots)$，且两两互不相容，则 $P\left(\sum_{i=1}^{\infty} A_i\right) = \sum_{i=1}^{\infty} P(A_i)$。

利用上述三个公理，可以推出其他重要性质。古典概型、几何概率也可试用公理化结构来概括。

2. 抽象代数

抽象代数是在初等代数基础上，通过数系概念的推广或其他可以施行代数运算对象的范围的扩大而形成的数学领域。其研究对象是任意元素的集合和定义在这些元素之间的并满足若干条件（公理）的代数运算，中心问题是研究各种不同的代数结构的性质，并运用公理化方法构建代数结构：S 非空，对运算封闭，S 对运算构成代数结构。也就是说，由各种代数结构的公理出发研究其性质的数学领域称为抽象代数。群、环、域、模、格以及范代数、同调等均为代数结构。

在抽象代数方面有突出贡献的是德国犹太族女数学家埃米诺特，她在哥廷根时，因为是女性而受到歧视，在学校作为无正式工资的编外教授，常在希尔伯特名下授课，同时受到希特勒的种族歧视．她是迄今为止在数学中享有盛誉的女数学家，给出了环、理想的理论，其学生荷兰数学家范德瓦尔登，结合当时的研究成果写成了近世代数，后又称为抽象代数．

3. 初等代数（算术，实数理论的公理化）

目前，小学算术、初中代数体系的建立也是用公理化方法建立的，尽管在教材中未明确写出，事实上它隐含了公理化思想．

1891 年，意大利数学家皮亚诺采用公理化方法，由两个原始概念（集合、后继）与四条公理为基础，建立起序数理论．

定义：任何一个非空集合 N 的元素叫自然数，若在这个集合里的某些元素间有一个叫直接后继的基本关系，（即对 N 中每个元 a，有一个 $a' \in N$）且满足下列公理：

（1）存在一元素，记为 1，它不是 N 中任何元的后继（$a' \neq 1$）；

（2）N 中每个元 a，有且仅有一个后继元 a'（$a = b \Rightarrow a' = b'$）；

（3）除 1 以外，任何元只能是一个元的后继元（$a' = b' \Rightarrow a = b$）；

（4）若 N 的子集 M 满足：①$1 \in M$，②$a \in M$，当时有 $a' \in M$，则 $M = N$，此为数学归纳法的理论依据，由此推出其他性质．

如对自然数的运算法则用公理化方法来定义：

例 加法，是指这样的对应，由于它对于每一对自然数 a, b 有且仅有一个 $a + b$ 与它对应，满足 $a + 1 = a'$，$a + b' = (a + b)'$，则 $a + b$ 叫作 a 与 b 的和．

试证 $2 + 3 = 5$．

证明 因为

$$2 + 3 = 2 + 2' = (2 + 2)',$$

而
$$2 + 2 = 2 + 1' = (1 + 2)', \quad 2 + 1 = 2' = 3,$$

所以

$$2 + 3 = 2 + 2' = (2 + 2)' = (2 + 1')' = ((2 + 1)')' = (3')' = 4' = 5.$$

4. 初等几何

初等几何就是按公理化方法建立起来的．

5. 公理化方法在生活中的应用

日常生活中也有类似公理化的事例，如棋类活动：每种棋都有棋子，这些棋子可以看成基本元素或原始概念，棋子之间有一些约束规则或基本关系，下棋就是根据这些规则进行的逻辑活动．

公理化思想与政治结合的典范是美国的《独立宣言》，这是为证明反抗大英帝国的完全合理性而撰写的．美国第三任总统杰弗逊试图借助公理化的模式使人们对其确实性深信不疑，便开门见山地给出了一些不言而喻的真理作为公理（我们认为这些真理是不言而喻的）：人人生而平等，造物者赋予他们若干不可剥夺的权利，其中包括生命权、自由权和追求幸福的权利．为了保障这些权利，人类才在他们之间建立政府，而政府之正当权力，是经被治理者的同意而产生的，当任何形式的政府对这些目标具破坏作用时，人民便有权力改变或废除它，以建立一个新的政府；其赖以奠基的原则，其组织权力的方式，务必使人民认为唯有这样才最可能获得他们的安全和幸福．

然后结合事实说明了英国国王乔治政府没有满足上述条件，从而演绎论证出美国需要摆脱殖民地统治而走向独立．因此，我们在大陆会议上集会的美利坚合众国代表，以各殖民地善良人民的名义并经他们授权，向全世界最崇高的正义呼吁，说明我们的严正意向，同时郑重宣布；这些联合的殖民地是而且有权成为自由和独立的国家．

4.1.4　公理化方法的作用和局限性

4.1.4.1　公理化方法的作用

（1）公理化方法具有分析、总结和整理数学知识的作用．

凡取得了公理化结构形式的数学，由于定理和命题均已按逻辑关系串联起来，故使用起来方便．

（2）公理化方法把一门数学的基础分析得清清楚楚，这有利于比较各门数学的实质性异同，并促进和推动新理论的创立．如第五公设、希氏创立的元数学，使抽象代数与数理逻辑相结合，产生出新的边缘学科——模型论、公理集合论．

（3）在科学方法论上有示范作用．

20世纪40年代，波兰的巴拿赫完成了理论力学的公理化，牛顿仿效欧几思想把从哥白尼到开普勒时期积累的力学知识用公理化方法组成一个逻辑体系，使得能够从牛顿三定律（公理）出发，依逻辑方法把力学定律逐条推出．

（4）现代公理化方法与现代数理逻辑相结合，对数学朝着综合化、机械化方向发展起到了推动作用．

（5）有利于培养逻辑思维及演绎推理能力．中学数学中采用公理化方法对培养学生的逻辑思维能力具有一定的促进作用．

4.1.4.2 公理化方法的局限性

（1）所有数学分支都按公理化的三条标准（和谐、独立、完备性）去实现它的公理化是不可能的.

有些数学家试图将所有数学分支公理化，然而正当他们着手实现伟大计划时，1931年奥地利数理逻辑学家哥德尔证明了一条形式体系不完全性定理，即包括算术在内的任何一个协调公理系统都是不完备的，公理系统的协调性在本系统内无法证明.

（2）一般来讲，公理化方法只能运用于一个数学分支发展到一定阶段，否则就有可能对数学的发展起束缚作用.

若新分支一诞生，就强调其系统性，则会适得其反. 如17世纪提出的新课题有待于用数学方法来解决，许多数学家不得不摆脱公理化方法中协调性的束缚，提出新方法，如无穷小、非欧几何等.

（3）人的思维不只有演绎，还有归纳、类比等. 一般来说，公理化方法是一种总结的"封闭式"方法，而非发现、创造性方法.

4.2　数学中的化归思想

4.2.1　化归思想方法的意义

数学的任务首先是把实际问题转化为数学问题. 数学问题一经提出，其主要任务便是寻求解答. 那么如何寻求解答呢？有一把金钥匙吗？没有，只能说有一大串钥匙，即有众多的方式，而没有包医百病的单方. 不过我们可以探求各种方法的共同点，特别去注意那些带着普遍意义的方法.

例1　求凸多边形的内角和.

（四边形分割成两个三角形，五边形可分成三个三角形，内角和为 $3 \times 180°$.一般地，n 边形可分割成 $(n-2)$ 个三角形，其内角和为 $(n-2) \times 180°$.）

对这一解题过程进行分析，发现其中的关键在于把多边形分割成若干个三角形，而事实上就是把原来求多边形内角和的问题化归成三角形内角和的问题. 由于后一问题已经解决，从而原问题通过化归也得到了解决. 如图所示.

例 2　在掌握了一元一次方程的解法后，即可用加减消元法或代入法消元法来求解二元一次方程组或一般的线性方程组.

如 $\begin{cases} 4x+3y=10, \\ 2x-y=6. \end{cases}$ 可用加减消元或代入消元.

从方法论的角度看，这里使用的也是转化的方法，通过加减或代入，把原来求解二元一次方程组的问题转化成求解一元一次方程的问题（即达到消元目的）. 由于后一问题已得到解决，原来的问题也就迎刃而解了.

又如，对于一元二次方程，由于人们已经掌握了求根公式和韦达定理等理论，所以把 $ax^4+bx^2+c=0$ 通过换元即降次成一元二次方程. 在数学分析中，对于求 $\dfrac{0}{0}$ 型或 $\dfrac{\infty}{\infty}$ 型未定型的极限，由于已经有罗必塔法则这一有效的理论和方法，所以把 $\dfrac{0}{0}$ 或 $0 \cdot 0$ 型等问题转化为 $\dfrac{0}{0}$ 或 $\dfrac{\infty}{\infty}$ 型即可解决问题.

例 3　设 $n>0$，求 $\lim\limits_{x \to 0^+} x^n \cdot \ln x$.

解　$\lim\limits_{x \to 0^+} x^n \cdot \ln x = \lim\limits_{x \to 0^+} \dfrac{\ln x}{x^{-n}} = \lim\limits_{x \to 0^+} \dfrac{1}{x} \cdot \dfrac{1}{-nx^{-n-1}} = \lim\limits_{x \to 0^+} \dfrac{-x^n}{n} = 0$.

类似地，分式方程整式化，无理方程有理化，几何中空间的问题转化到平面上，面面关系转化为线面关系，线面关系又转化为线线关系的研究；分析中多元微积分向一元微积分的转化，多重积分向一重积分的转化，微分方程问题化为代数方程，偏微分方程化为常微分方程，等等，本质上是相同的，都体现了化归思想. 化归思想是其中具有普遍意义的方法之一，不仅众多的数学方法隶属于化归的范畴，而且许来重要的思想和研究策略也可用化归思想方法予以概括，不过平时未引起人们的有意注意.

郑毓信教授在《数学方法论入门》一书中给出的例子，就体现了数学家思维的特点. 匈牙利著名数学家路莎·彼得（Rozar Peter）指出：对于数学家的思维过程来说，很典型的是他们往往不对问题进行正面的进攻，而是不断地将它变形，直至把它转化为已经能够解决的问题. P·路莎还用以下比喻十分生动地说明了化归思维的实质："假设在你面前有煤气灶、水龙头、水壶及火柴，你想烧些水，应当怎样去做？"对此，某人回答说："在壶中放上水，点燃煤气，再把壶放到煤气灶上."提问者肯定了这一回答；但是，他又追问，"如果其他条件都没有变化，只是水壶中已经有了足够多的水，那你又应当怎样去做？"这时被提问者往往会很有信心地回答说："点燃煤气，再把水壶放到煤气灶上."这时提问者说，这一回答并不能使他感到满意，因为更好的回答应是这样的："只有物理学家才这样做；而数学家们则会倒掉壶中的水，并声称我已经把后一问题化归成先前的问题了."由此可以看出，数学家们特别善于使用化归的方法来解决问题.

4.2.2 化归思想方法

化归指问题之间的互相转化,即要解决问题 A,可将它转化为解决问题 B,再利用问题 B 的解答完成对问题 A 的解答. 通俗地说就是，将未解决或待解决的问题转化为已解决或易解决的问题的一种方法或原则；或者有的书上把有既定方法和程序解决的问题称为规范问题，化归思想方法则是通过数学内部的联系和矛盾运动，把待解决的问题转化为规范问题，即实际问题的规范化. 所谓规范问题，是指有既定解决方法和程序的问题，这类问题经过人们长期的实践，积累了丰富的经验，形成了固定的方法和约定俗成的步骤. 规范问题具有确定性、相对性和发展性. 基本模式如图所示.

由此可以看出化归的三个基本要素是化归的对象、化归的目标及化归的方法. 其中,化归的对象是指待解决的问题中需要变更的成分即对什么东西进行化归，化归的目标是指所要达到的规范问题即化归到何处去，化归的方法是指规范化的手段、措施和技术即怎样化归. 这里的问题 B 不仅仅指一个已解决的问题，可能包括一系列的待解决问题，从问题 B 到问题 B 的解答可能要经过若干个问题的解决过程. 如图所示.

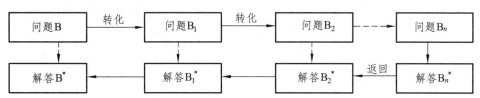

4.2.3 化归的基本原则

化归也就是把复杂问题化为简单问题，把陌生问题化为熟悉的问题，将一个问题转化为另一个问题，将问题的一种形式转化为另一种形式. 可见，化归的基本原则是熟悉化、简单化、和谐统一、标准化和直观化.

4.2.3.1　熟悉化原则

熟悉化是指把陌生的问题朝着我们比较熟悉的方向进行转化，即通过观察、比较、记忆等思维充分调动已有的知识和经验，，使问题得以解决.

例 4　已知函数 $f(x)$ 满足 $af(x)+bf\left(\dfrac{1}{x}\right)=cx$，其中 a, b, c 不全为 0，且 $a^2-b^2\neq 0$，求 $f(x)$.

分析　如果把 $af(x)+bf\left(\dfrac{1}{x}\right)=cx$ 看成一个方程，则这个方程中含有两个未知数 $f(x)$，$f\left(\dfrac{1}{x}\right)$，由于我们熟悉含两个未知数的方程，需要用两个方程来建立二元一次方程组，再通过加减消元法或代入消元法解即可解决，因此需要再构造一个方程将之转化成二元一次方程组才能求解. 这时，可以利用原方程中的未知元构造新方程，即只需把原方程中的 x 变换为 $\dfrac{1}{x}$，通过解方程组，使问题得以解决.

解　由已知：$f(x)$ 满足

$$af(x)+bf\left(\frac{1}{x}\right)=cx. \qquad ①$$

将 x 变换为 $\dfrac{1}{x}$ 得

$$af\left(\frac{1}{x}\right)+bf(x)=\frac{c}{x}. \qquad ②$$

①、②两式联立，解方程组消去 $f\left(\dfrac{1}{x}\right)$ 解得

$$f(x)=\frac{c}{a^2-b^2}\left(ax-\frac{b}{x}\right),\quad a^2-b^2\neq 0.$$

4.2.3.2　简单化原则

解决数学问题时，应尽量力求简单，这里的简单不仅指问题的结构形式在表示上简单，而且还指问题在处理方式、处理方法上的简单. 如将高维空间的待解决问题化归成低维空间的问题，高次数的问题化成低次数的问题，多元问题化归为少元问题.

例 5 求解方程组 $\begin{cases} x^2 + y^2 + 7xy + 4x + 4y = 31, & ① \\ xy = 2. & ② \end{cases}$

解（解法 1）①$-5\times$②得

$$x^2 + y^2 + 2xy + 4x + 4y = 21.$$

所以

$$(x+y)^2 + 4(x+y) - 21 = 0.$$

所以

$$(x+y+7)(x+y-3) = 0.$$

所以

$$x+y = 3 \text{ 或 } x+y = -7.$$

所以

$$\begin{cases} x+y = 3 \\ xy = 2 \end{cases} \text{ 或 } \begin{cases} x+y = -7 \\ xy = 2 \end{cases}.$$

此两方程易解决.

（解法 2）由②可得

$$y = \frac{2}{x}. \qquad ③$$

把③代入①得

$$x^2 + \left(\frac{2}{x}\right)^2 + 7x \cdot \frac{2}{x} + 4x + 4\left(\frac{2}{x}\right) = 31.$$

所以

$$x^4 + 4x^3 - 17x^2 + 8x + 4 = 0.$$

若能求得此四次方程的解，那么原问题即可解决.

上述两种解法在逻辑上无可非议，都是化归方法的运用，但解法 1 更可取，因为一般四次方程的求解问题较困难. 繁杂、困难不是化归的目的.

例 6 若 $a,b,c \in \mathbf{R}$，求证：$a^2 + b^2 + c^2 \geqslant ab + bc + ca$.

分析 因为 a,b,c 三个变量，不确定因素较多，可以先固定某些变量，比如 b,c，以减少变量数目，使命题由多元变为少元，由复杂变成简单.

由

$$a^2 + b^2 + c^2 \geqslant ab + bc + ca \Leftrightarrow a^2 - (b+c)a + b^2 + c^2 - bc \geqslant 0,$$

记 $f(x) = x^2 - (b+c)x + b^2 + c^2 - bc$，则问题转化为二次函数问题，利用二次函数的性质证明 $f(a) \geqslant 0$ 即可.

证明 设 $f(x) = x^2 - (b+c)x + b^2 + c^2 - bc$ ，因为

$$\Delta = (b+c)^2 - 4(b^2 + c^2 - bc) = -3b^2 - 3c^2 + 6bc = -3(b-c)^2 \leqslant 0 ,$$

所以对一切实数 x，均有 $f(x) \geqslant 0$. 所以

$$f(a) = a^2 - (b+c)a + b^2 + c^2 - bc \geqslant 0 ,$$

即

$$a^2 + b^2 + c^2 \geqslant ab + bc + ca .$$

4.2.3.3 和谐统一性原则

和谐统一是指应使待解决的问题朝着在表现形式上趋于和谐，在量、形、关系方面趋于统一的方向进行，使问题的条件与结论表现得更匀称和恰当.

例 7（托勒密定理） 圆内接四边形中，两条对角线的乘积等于两组对边乘积之和.

已知：四边形 $ABCD$ 是圆内接四边形，AC 和 BD 为其两条对角线，求证：$AC \cdot BD = AB \cdot CD + AD \cdot BC$.

分析 若从条件入手，此问题不太容易解决. 观察要证的结论：

$$AC \cdot BD = AB \cdot CD + AD \cdot BC,$$

左端一项，右端两项，能否使左、右两端在形式上趋于统一？此时，自然想到把 AC 或者 BD 拆成两段，不妨在 BD 上任意取一点 E（见下图），使左端和右端在形式上完全一致. 即

$$左端 = AC \cdot (BE + ED) = AC \cdot BE + AC \cdot ED,$$

要使左、右两端相等，只需证明：

$$\begin{cases} AC \cdot BE = AB \cdot CD \\ AC \cdot ED = AD \cdot BC \end{cases} 或者 \begin{cases} AC \cdot BE = AD \cdot BC \\ AC \cdot ED = AB \cdot CD \end{cases}$$

即可.

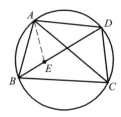

4.2.3.4 具体化原则

具体化是指化归的方向一般应由抽象到具体，即分析问题和解决问题时，

应着力将问题向较具体的问题转化. 如：尽可能地将抽象的式用具体的形来表示；将抽象的语言描述用具体的式或形来表示.

例 8　求函数 $y = \dfrac{x^2 - 2x + 2}{x}, x \in \left(0, \dfrac{1}{4}\right]$ 的值域.

分析　将原函数去分母，整理成关于 x 的二次方程，问题就转化为方程在区间 $\left(0, \dfrac{1}{4}\right]$ 上存在实数解的问题，此时可以借助二次函数的图像来达到对问题的解决. 如图所示.

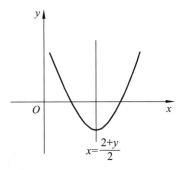

解　将原函数的表达式变形为方程

$$x^2 - (2+y)x + 2 = 0.$$

因为

$$y = x + \frac{2}{x} - 2 \geqslant 2\sqrt{2} - 2 > 0,$$

所以函数 $f(x) = x^2 - (2+y)x + 2 = 0$ 的对称轴 $x = \dfrac{2+y}{2}$ 在区间 $\left(0, \dfrac{1}{4}\right]$ 的右方. 所以方程在 $\left(0, \dfrac{1}{4}\right]$ 上有实数解的充要条件是

$$f\left(\frac{1}{4}\right) = 0, \quad f(0) = 0.$$

解之得

$$y \geqslant \frac{25}{4}.$$

所以所求函数的值域为 $\left\{ y \mid y \geqslant \dfrac{25}{4} \right\}$.

例 9　求函数 $f(x) = \sqrt{x^2 + 9} + \sqrt{x^2 - 10x + 29}$ 的最小值.

分析　这是无理函数的最值问题. 通过观察发现根号下面两个代数式具有相同的结构，都可以统一成平方和的形式，从而联想到两点间的距离公式.

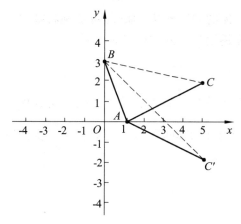

解　$f(x)=\sqrt{x^2+9}+\sqrt{(x-5)^2+4}$

$$=\sqrt{(x-0)^2+(0-3)^2}+\sqrt{(x-5)^2+(0-2)^2}.$$

若记 $A(x,0)$，$B(0,3)$，$C(5,2)$，$C'(5,-2)$，如上图所示，由 $\triangle ABC$ 的两边之和大于第三边得

$$f(x)=|AB|+|AC|\geqslant|BC|=\sqrt{(0-5)^2+(3-2)^2}=\sqrt{26},$$

或　　　　　　$\geqslant|BC'|=\sqrt{(0-5)^2+[3-(-2)]^2}=5\sqrt{2}$，当且仅当 A,B,C 共线时取等号.

4.2.3.5　标准形式化原则

标准化是指将待解决问题在形式上向该类问题的标准形式化归. 标准形式是指已经建立起来的数学模式. 如一元二次方程的求根公式及根与系数的关系都是关于标准形式的一元二次方程 $ax^2+bx+c=0(a\neq0)$ 而言的，只有化归成标准形式才能使用有关结果. 圆、椭圆、双曲线、抛物线等二次曲线都是针对标准形式方程进行讨论的. 几何中符合定理条件的具有代表性的基本图形如等腰三角形的三线合一，以及梅涅劳斯定理、塞瓦定理等的基本图形，在解决问题时只有构造出标准图形才能达到化归的目的.

例 10　若 $(z-x)^2-4(x-y)(y-z)=0$，求证：x,y,z 成等差数列.

分析　观察题设，发现正好是判别式 $b^2-4ac=0$ 的标准形式，因此可以联想构造为一个一元二次方程进行求解.

证明　当 $x=y$ 时，可得 $x=z$，所以 x,y,z 成等差数列.

当 $x\neq y$ 时，设方程

$$(x-y)t^2+(z-x)t+(y-z)=0，\qquad ①$$

由 $\Delta=0$ 得 $t_1=t_2$.

观察①式易知，$t=1$ 时是方程的根．由韦达定理

$$t_1 t_2 = \frac{y-z}{x-y},$$

即

$$2y = x+z.$$

所以 x, y, z 成等差数列．

例 11 任给 7 个实数，求证：其中至少有两个数（记作 x, y）满足：

$$0 \leqslant \frac{x-y}{1+xy} \leqslant \frac{\sqrt{3}}{3}.$$

分析 此题似乎无从下手，但通过观察要证的不等式，马上发现 $\tan \frac{\pi}{6} = \frac{\sqrt{3}}{3}$，

所以该问题应与正切函数有关．又 $\tan(\alpha-\beta) = \frac{\tan\alpha - \tan\beta}{1+\tan\alpha\tan\beta}$，因此，设 7 个实数

为 $\tan\alpha_i (i=1,2,3,\cdots,7), \alpha_i \in \left(-\frac{\pi}{2}, \frac{\pi}{2}\right)$，则只需证

$$0 \leqslant \tan(\alpha-\beta) \leqslant \frac{\sqrt{3}}{3},$$

即只要证

$$0 \leqslant \alpha - \beta \leqslant \frac{\pi}{6}.$$

于是将 $\left(-\frac{\pi}{2}, \frac{\pi}{2}\right)$ 分为

$$\left(-\frac{\pi}{2}, -\frac{\pi}{3}\right], \left(-\frac{\pi}{3}, -\frac{\pi}{6}\right], \left(-\frac{\pi}{6}, 0\right], \left(0, \frac{\pi}{6}\right], \left(\frac{\pi}{6}, \frac{\pi}{3}\right], \left(\frac{\pi}{3}, \frac{\pi}{2}\right)$$

等六个区间，每个区间的长均为 $\frac{\pi}{6}$．显然，$\alpha_i (i=1,2,3,\cdots 7)$ 中至少有两个落在同一区间（不妨设为 α_1, α_2），即满足

$$0 \leqslant \alpha_1 - \alpha_2 \leqslant \frac{\pi}{6},$$

所以

$$0 \leqslant \tan(\alpha-\beta) \leqslant \frac{\sqrt{3}}{3},$$

所以

$$0 \leqslant \frac{x-y}{1+xy} \leqslant \frac{\sqrt{3}}{3}.$$

联想标准形式命题得证．

4.2.4　化归的基本策略

我们知道解决问题时，化归是主要思想，那么如何化归呢？只有掌握基本的化归策略才有助于我们采取具体的行动措施.

4.2.4.1　通过语义转化实现化归

形式化是数学的显著特点，数学概念、命题或数学语义一般都有一个确定的数学符号来表示. 但是数学符号表示与数学的语义解释不是"一一对应"的，一种数学符号可能有多种数学语义解释. 如对于数学符号式子 $\sqrt{a^2+b^2}$，有多种语义解释：① a^2+b^2 的算术平方根；② 在直角坐标平面内，点 (a,b) 到原点的距离；③ 复数域中，表示复数 $a+bi$ 的模；④ 如果 a,b 为正数，$\sqrt{a^2+b^2}$ 表示以 a,b 为直角边的直角三角形的斜边等. 再如：关系式 $|f(x)|=g(x)$，从方程观点来看，$|f(x)|-g(x)=0$ 是关于 x 的方程；从基本函数的观点来看，函数 $Q(x)=|f(x)|-g(x)$ 表示与 x 轴的交点的横坐标；从函数的图像来看，它表示 $y=f(x)$ 与 $y=g(x)$ 的图像的交点的横坐标. 又如 $\dfrac{f(x)-a}{g(x)-b}$，从函数观点来看，表示关于 x 的分式函数；从解析几何的角度看，表示过 $(g(x),f(x))$ 和点 (b,a) 的直线的斜率. 等差数列的通项公式 $a_n=a_1+(n-1)d$ 可看作项数 n 的一次函数，等差数列的求和公式 $S_n=na_1+\dfrac{n(n-1)}{2}d=\dfrac{d}{2}n^2+\left(a_1-\dfrac{d}{2}\right)n$，公差不为 0 时可看作关于 n 的二次函数且常数项为 0. 一般而言，一个数学符号式子的语义往往以最初意义或常用意义为主，而忽视其他的语义意义. 因此，在解决问题时，要善于根据条件激活不同的意义解释，对同一形式表示式的语义要不断丰富，培养发散思维，这样才有助于解决问题，诚如波利亚所说的"变更题目""你能重新叙述这个问题吗？你能不能用不同的方法重新叙述它吗".

例 12　如图所示，AB 是圆 O 的直径，PA 垂直于圆 O 所在的平面. C 是圆周上任一点，设 $\angle BAC=\theta$，$PA=AB=2r$，求异面直线 PB 和 AC 的距离.

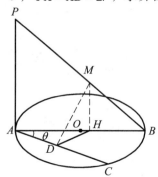

分析 求异面直线 PB 和 AC 的距离，常规思路是通过作辅助线确定异面直线之间的距离，进而求值．然而辅助线的寻求比较困难，需转化语义意义，即可看成直线 PB 上任意一点到 AC 的距离的最小值，从而设定变量，建立目标函数，求函数的最小值．

解 在 PB 上任取一点 M，作 $MD \perp AC$ 于 D，$MH \perp AB$ 于 H．

因为 PA 垂直于圆 O 所在的平面，

所以 $PA \perp AB$．

又 $MH \perp AB$，

所以 $PA // MH$．

从而 MH 垂直于圆 O 所在的平面，

所以 $MH \perp HD$．

在 Rt$\triangle MDH$ 中，

$MD^2 = MH^2 + DH^2 = x^2 + DH^2$（若设 $MH = x$）． ①

在 Rt$\triangle ADH$ 中，$DH \perp AC$（$MD \perp AC$，MH 垂直于圆 O 所在的平面），

$DH = AH \cdot \sin\theta = (2r - x)\sin\theta$． ②

把②代入①得

$$MD^2 = x^2 + [(2r - x)\sin\theta]^2 = (\sin^2\theta + 1)x^2 - 4r \cdot \sin^2\theta \cdot x + 4r^2 \cdot \sin^2\theta$$

$$= (1 + \sin^2\theta)\left(x - \frac{2r \cdot \sin^2\theta}{1 + \sin^2\theta}\right)^2 + \frac{-4r^2 \cdot \sin^4\theta}{1 + \sin^2\theta} + 4r^2 \cdot \sin^2\theta$$

$$= (1 + \sin^2\theta)\left(x - \frac{2r \cdot \sin^2\theta}{1 + \sin^2\theta}\right)^2 + \frac{4r^2 \cdot \sin^2\theta}{1 + \sin^2\theta},$$

即当 $x = \dfrac{2r \cdot \sin^2\theta}{1 + \sin^2\theta}$ 时，MD 取最小值 $\dfrac{2r \cdot \sin\theta}{\sqrt{1 + \sin^2\theta}}$，为两异面直线的距离．

例 13 在等差数列 $\{a_n\}$ 中，已知 $S_p = q$，$S_q = p$（$p \neq q$），求 S_{p+q} 的值．

分析 若按等差数列前 n 项和公式 $S_n = na_1 + \dfrac{n(n-1)}{2}d$ 代入求解，计算量较大，运算复杂．转换语义，有 $S_n = na_1 + \dfrac{n(n-1)}{2}d = \dfrac{d}{2}n^2 + \left(a_1 - \dfrac{d}{2}\right)n$，公差不为 0 时可看作关于 n 的二次函数，$(p, q), (q, p)$ 两点是二次函数上的两点，满足其函数关系．

解 等差数列的前 n 项和是关于 n 的二次函数且缺常数项，设

$$S_n = an^2 + bn \ (a \neq 0),$$

则

$$\begin{cases} S_p = ap^2 + bp = q, & ① \\ S_q = aq^2 + bq = p. & ② \end{cases}$$

①-②得

$$a(p^2 - q^2) + b(p - q) = q - p ,$$

即

$$a(p+q) + b = -1 .$$

所以

$$S_{p+q} = a(p+q)^2 + b(p+q) = (p+q)\big[a(p+q) + b\big] = -p - q.$$

例 14 等差数列 $\{a_n\}$ 中第 K 项为 L，第 L 项为 K，求第 $K+L$ 项(其中 $K \neq L$).

解 由于等差数列的通项 a_n 是关于 n 的一次函数，因此，三点 (K,L)，(L,K)，$(K+L, a_{K+L})$ 共线，因此有

$$\frac{K-L}{L-K} = \frac{a_{K+L} - K}{(K+L) - L} .$$

化简得：$a_{K+L} = 0$.

4.2.4.2 通过一般化或特殊化策略实现化归

从特殊到一般，再由一般到特殊是认识事物的普遍规律. 特殊化指在求解问题时考虑其特殊情况（特殊图形、特殊位置、特殊关系等），由此获得对一般问题解决的思路方法的启示. 相比于一般而言，特殊问题的解决往往比较容易、简单，因此常用特殊到一般的化归. 而对于一般到特殊往往不够重视，根据问题的结构表征，通过对它的一般形式的研究往往能使问题更为简明. 如：一元二次方程 $x^2 = m \, (m \geqslant 0)$ 的求解问题容易解决，而对于一般的一元二次方程 $ax^2 + bx + c = 0 \, (a \neq 0)$ 的求解，需要通过配方

$$a\left(x + \frac{b}{2a}\right)^2 - \frac{b^2}{4a} + c = 0 ,$$

所以

$$a\left(x + \frac{b}{2a}\right)^2 = \frac{b^2 - 4ac}{4a} .$$

所以

$$x + \frac{b}{2a} = \pm \frac{\sqrt{b^2 - 4ac}}{2a} .$$

所以

$$x = \frac{-b \pm \sqrt{b^2 - 4ac}}{2a} .$$

即

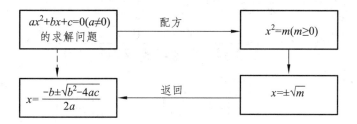

例 15　设 $x,y \in \mathbf{R}$，且 $(x-1)^3 + 2017(x-1) = 1$，$(y-1)^3 + 2017(y-1) = -1$，求 $x+y$ 的值.

分析　两个等式具有相同的形式，可以考虑其一般形式，即看成函数 $f(t) = t^3 + 2017t$ 在点 $(x-1)$ 和 $(y-1)$ 处的值.

解　设 $f(t) = t^3 + 2017t$，易知 $f(t)$ 是奇函数，且在 $\mathbf{R}$ 上为增函数. 因为
$$f(x-1) = -f(y-1) = f(1-y)，$$
所以　　　　　　　　　　　$x-1 = 1-y.$
所以　　　　　　　　　　　$x+y = 2.$

例 16　若 $N = \sqrt{\underbrace{19881988\cdots1988}_{n \uparrow 1988} - 13 \times 2^2}$，则 N 一定是（　　　　）.

（A）无理数　　　　　　　　　（B）末位数字是 2 的数
（C）首位数字是 5 的数　　　　（D）以上答案均不正确

解　$n=1$ 时，$N = \sqrt{1988 - 13 \times 4} = \sqrt{1936} = 44$，由此（A）、（B）、（C）均不正确.

例 17　设 $f(x) = \dfrac{4^x}{4^x + 2}$，求 $f\left(\dfrac{1}{2017}\right) + f\left(\dfrac{2}{2017}\right) + \cdots + f\left(\dfrac{2016}{2017}\right)$.

分析　常规方法是把 $x_1 = \dfrac{1}{2017}, x_2 = \dfrac{2}{2017}, \cdots, x_{2016} = \dfrac{2016}{2017}$ 代入 $f(x)$，再求和，计算量较大，不可行. 观察式子的数量特征发现：
$$\frac{1}{2017} + \frac{2016}{2017} = 1，$$
$$\frac{2}{2017} + \frac{2015}{2017} = 1，$$
$$\cdots$$
$$\frac{2013}{2017} + \frac{2014}{2017} = 1，$$

进而可以研究 $f(x) + f(1-x)$ 的关系.

解 因为 $f(1-x)=\dfrac{4^{1-x}}{4^{1-x}+2}$ ，所以

$$f(x)+f(1-x)=\frac{4^x}{4^x+2}+\frac{4^{1-x}}{4^{1-x}+2}=\frac{4^x}{4^x+2}+\frac{4^{1-x}\cdot 4^x}{(4^{1-x}+2)\cdot 4^x}=1.$$

所以

$$f\left(\frac{1}{2017}\right)+f\left(\frac{2}{2017}\right)+\cdots+f\left(\frac{2016}{2017}\right)$$

$$=\left[f\left(\frac{1}{2017}\right)+f\left(\frac{2016}{2017}\right)\right]+\left[f\left(\frac{2}{2017}\right)+f\left(\frac{2015}{2017}\right)\right]+\cdots$$

$$+\left[f\left(\frac{2013}{2017}\right)+f\left(\frac{2014}{2017}\right)\right]$$

$$=1008.$$

4.2.4.3 通过变换实现化归

研究和解决数学问题时通过数学变换实现化归也就是对要解决的问题进行变换，使之转化为容易解决的问题或者已经解决的问题. 常见的类型有：

1. 分解组合法

分解组合法，即把所考虑的每一个问题按照可能和需要分成若干部分（或较简单的问题）. 组合，即把所给问题和与之有关的其他问题作综合考察，以便在更广阔的背景下寻求化归. 几何学中，在有关面积和体积问题的讨论中，常把整体分割为局部之和，其中分解拼补法即为其应用. 讨论弓形面积时可化为扇形和三角形面积来讨论，讨论圆台体积时可化为圆锥体积之差来讨论等；研究函数的性质时可分为定义域、值域、单调性、奇偶性、周期性等加以讨论，再组合得到其性质. 也就是把要解决的问题先"化整为零"再"积零为整".

例 18 给定 n 个不同的数 $x_1,x_2,\cdots,x_n$ 及 n 个数 $y_1,y_2,\cdots,y_n$ ，求一个次数最低的多项式，使其满足 $f(x_i)=y_i,(i=1,2,\cdots,n)$.

从特殊性考虑，使

$$f_k(x_i)=0\ (i\neq k),\ f_k(x_k)=y_k,$$

则 $f_k(x)$ 包含 $(x-x_1)\cdots(x-x_{k-1})(x-x_{k+1})\cdots(x-x_n)$ 因子，即

$$f_k(x)=c(x-x_1)\cdots(x-x_{k-1})(x-x_{k+1})\cdots(x-x_n),$$

则

$$f_k(x)=c(x-x_1)\cdots(x-x_{k-1})(x-x_{k+1})\cdots(x-x_n)$$

$$= \frac{y_k(x-x_1)\cdots(x-x_{k-1})(x-x_{k+1})\cdots(x-x_n)}{(x_k-x_1)\cdots(x_k-x_{k-1})(x_k-x_{k+1})\cdots(x_k-x_n)}$$

所以

$$f(x) = \sum_{k=1}^{n} f_k(x) = \frac{y_1(x-x_2)(x-x_3)\ldots(x-x_n)}{(x_1-x_2)(x_1-x_3)\ldots(x_1-x_n)} + \cdots$$
$$+ \frac{y_i(x-x_1)\ldots(x-x_{i-1})(x-x_{i+1})}{(x_i-x_1)\ldots(x_i-x_{i-1})(x_i-x_{i+1})}$$
$$+ \cdots + \frac{y_n(x-x_1)\cdots(x-x_{n-1})}{(x_n-x_1)(x_n-x_2)\cdots(x_n-x_{n-1})},$$

满足 $f(x_i) = y_i$.

几何图形中为了求得满足指定条件的对象，可分别求满足各个部分条件对象的轨迹，再取其公共部分. 三角形外接圆圆心，即求满足 $OA=OB=OC$ 的点 O，可分割为 $OA=OB$，及 $OB=OC$ 两条件，分别作 AB, BC 的垂直平分线，其交点即为所求.

例 19 在 $\triangle ABC$ 中，求证 $\sin\dfrac{A}{2}\cdot\sin\dfrac{B}{2}\cdot\sin\dfrac{C}{2}\leqslant\dfrac{1}{8}$.

分析 A, B, C 只受 $A+B+C=\pi$ 的制约，暂时固定 A，有

$$\sin\frac{A}{2}\cdot\frac{1}{2}\left(\cos\frac{B-C}{2}-\cos\frac{B+C}{2}\right) = \frac{1}{2}\sin\frac{A}{2}\left(\cos\frac{B-C}{2}-\sin\frac{A}{2}\right).$$

当 $B=C$ 时，$\cos\dfrac{B-C}{2}=1$ 最大，所以

$$y \leqslant \frac{1}{2}\sin\frac{A}{2}\left(1-\sin\frac{A}{2}\right),$$

而

$$\sin\frac{A}{2}\left(1-\sin\frac{A}{2}\right) \leqslant \left(\frac{\sin\dfrac{A}{2}+1-\sin\dfrac{A}{2}}{2}\right)^2 \leqslant \frac{1}{4},$$

所以 $y\leqslant\dfrac{1}{8}$.

2. 恒等变换

恒等变换，是将复杂的问题通过表达形式的变形转化成容易解决的问题.

例 20 设 $a+b+c=1, a>0, b>0, c>0$，求证 $\dfrac{1}{a}+\dfrac{1}{b}+\dfrac{1}{c}\geqslant 9$.

证明　$\dfrac{1}{a}+\dfrac{1}{b}+\dfrac{1}{c}=\dfrac{a+b+c}{a}+\dfrac{a+b+c}{b}+\dfrac{a+b+c}{c}$

$$=3+\left(\dfrac{b}{a}+\dfrac{a}{b}\right)+\left(\dfrac{c}{a}+\dfrac{a}{c}\right)+\left(\dfrac{c}{b}+\dfrac{b}{c}\right)$$

$$\geqslant 3+6=9.$$

例 21　求解方程 $\sin x-\sqrt{3}\cos x=\sqrt{2}$.

解　因为

$$\sin x-\sqrt{3}\cos x=2\left(\dfrac{1}{2}\sin x-\dfrac{\sqrt{3}}{2}\cos x\right)$$

$$=2\left(\cos\dfrac{\pi}{3}\sin x-\sin\dfrac{\pi}{3}\cos x\right)$$

$$=2\sin\left(x-\dfrac{\pi}{3}\right),$$

所以 $2\sin\left(x-\dfrac{\pi}{3}\right)=\dfrac{\sqrt{2}}{2}$. 所以 $x=2k\pi+\dfrac{\pi}{4}+\dfrac{\pi}{3}$.

在微积分中，恒等变换也有广泛的应用. 由于

$$a_0 x^n+a_1 x^{n-1}+\ldots+a_{n-1}x+a_n,\ \dfrac{b}{x-a},\ \dfrac{b}{(x-a)^n}(n>1),\ \dfrac{bx+c}{x^2+px+q},\ \dfrac{bx+c}{(x^2+px+q)^n}(n>1)$$

这五种特殊类型的有理函数的积分已得到解决，因此求有理函数的积分时，只要能将其恒等变形为上述这五种函数的积分即可.

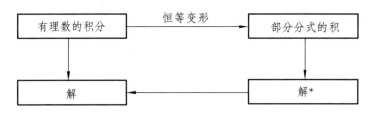

例 22　计算 $\displaystyle\int\dfrac{2x+3}{x^3+x^2-2x}\mathrm{d}x$.

解　$\displaystyle\int\dfrac{2x+3}{x^3+x^2-2x}\mathrm{d}x=\int\dfrac{2x+3}{x(x^2+x-2)}\mathrm{d}x$

$$=\int\dfrac{2x+3}{x(x+2)(x-1)}\mathrm{d}x$$

$$=\int\dfrac{3}{-2x}\mathrm{d}x+\int\dfrac{5}{3(x-1)}\mathrm{d}x-\int\dfrac{1}{6(x+2)}\mathrm{d}x.$$

3. 参数变换

参数变换，指解决问题时引入新的变量，然后将证明或求解的关系式用参数表示，最后消去参数，使问题得到解决.

例 23 解方程 $5x^8 + 4x^4 - 6 = 0$.

解 设 $x^4 = y$，可将之转化为 y 的一元二次方程.

一元二次方程 $ax^2 + bx + c = 0(a \neq 0)$ 的求根公式早已得出，若能把三次方程转化为二次方程求解，则一元三次方程的问题也就解决了. 那么如何实现化归呢？从数学的历史发展来看，三次方程的求解问题曾耗费了人们大量的精力，直到 16 世纪，此问题才由意大利数学家塔塔利亚解决了.

下面讨论典型的三次方程 $x^3 + ax^2 + bx + c = 0$.

令 $x = y - \dfrac{a}{3}$，则

$$\left(y - \frac{a}{3}\right)^3 + a\left(y - \frac{a}{3}\right)^2 + b\left(y - \frac{a}{3}\right) + c = 0.$$

所以

$$y^3 + \left(\frac{a^2}{3} - \frac{2}{3}a^2 + b\right)y + \left(-\frac{a^3}{3^3} + \frac{a^2}{3^2} - \frac{ab}{3}c\right) = 0.$$

所以只需讨论方程

$$x^3 + px + q = 0 \qquad ①$$

的根即可.

对方程①，令 $x = u + v$，则

$$(u + v)^3 + p(u + v) + q = 0.$$

所以

$$u^3 + (3uv + p)u + (3uv + p)v + v^3 + q = 0.$$

若选择 $3uv + p = 0$，则

$$uv = -\frac{p}{3}, \quad u^3 + v^3 + p = 0.$$

所以

$$\begin{cases} u^3 + v^3 + q = 0, \\ uv = -\dfrac{p}{3}, \end{cases}$$

即

$$\begin{cases} u^3 + v^3 = -q, \\ u^3 v^3 = -\dfrac{p^3}{27}. \end{cases}$$

所以 u^3, v^3 是一元二次方程 $z^2 + qz - \dfrac{p^3}{27} = 0$ 的根. 所以

$$z = \frac{-q \pm \sqrt{q^2 + 4 \times \dfrac{p^3}{27}}}{2},$$

即

$$z = \frac{-q}{2} \pm \sqrt{\frac{q^2}{4} + \frac{p^3}{27}}.$$

所以

$$u^3 = -\frac{q}{2} + \sqrt{\frac{q^2}{4} + \frac{p^3}{27}} , \quad v^3 = -\frac{q}{2} - \sqrt{\frac{q^2}{4} + \frac{p^3}{27}}.$$

所以

$$x = uv = \sqrt[3]{-\frac{q}{2} + \sqrt{\frac{q^2}{4} + \frac{p^3}{27}}} + \sqrt[3]{-\frac{q}{2} - \sqrt{\frac{q^2}{4} + \frac{p^3}{27}}}.$$

17 世纪，法国哲学家兼数学家笛卡尔最早把化归方法串联成科学思维中的万能方法，即：① 任何问题化为数学问题；② 任何数学问题化归为代数问题；③ 任何代数问题化归为方程式的求解问题. 由于解方程的问题已被认为是已经能够解决或较易解决的，因此在笛卡尔看来，可用上述万能方法解决各种类型的问题. 显然，这一过分简单化的结论是不正确的，因任何方法均具有一定的局限性，万能的方法是不存在的. 但笛卡尔提出的上述思维模式毕竟可视为化归原则的具体运用，而且对后来数学科学的方展，在思想方法上起到了促进作用.

现在的中学生、大学生乃至研究生，在学习和钻研不同层次的数学科学的过程中，实际上总是在不同水平上学习并运用各种难易不等的化归方法. 如国际数学奥林匹克竞赛中出现的许多难题，如不使用巧妙的化归方法是不易解决的；而竞赛中的优胜者，往往是熟练应用化归方法的能手. 总之，化归的核心内容是简化和转化问题，最后达到问题解决的目的.

4.2.5　化归方法的分类

实施化归的方法很多，若按问题的性质划分，有计算中的化归、论证中的化归和建立新学科体系中的化归；按化归方法应用的范围和广度划分，又有较高层次和较低层次的化归.

1. 多维化归法

跨越多种数学分支，运用于各系统的化归方法. 如变量替换、映射（RMI

原理）、分解组合法、待定系数法、构造法、参数法、反证法等.

2. 二维化归法

沟通两个不同数学分支的化归方法. 如解析法、向量法、构造图形法、三角代换法等.

3. 单维化归法

运用于某一学科的化归方法. 如几何变换、同解变形、面积体积法、拉普拉斯变换法、坐标变换法等.

4. 广义化归法

超出了数学范围的化归方法. 如模型化方法、分析法、综合法等. 其中 MM 方法是把各种实际问题利用抽象化方法形成数学模型，再利用数学理论来解决.

4.2.6 中学数学教材中的化归思想剖析

1. 代数中的代数方程

$$
代数方程\begin{cases} 有理方程\begin{cases} 整式方程\begin{cases} 一次、二次、高次方程 \\ 方程组 \end{cases} \\ 分式方程 \end{cases} \\ 无理方程 \end{cases}
$$

核心是一元一次方程和一元二次方程.

2. 三角诱导公式的处理

将任意负角的三角函数化归为正角的三角函数，再继续化归为 $0° \sim 360°$ 的角的三角函数，进而转化为 $0° \sim 90°$ 的角的三角函数. 这里引入了 $k \cdot 360° + \alpha$，$-\alpha$，$180° \pm \alpha$，$360° - \alpha$ 等几种情况下的公式，这五组公式又可进一步化归处理. $k \cdot 360° + \alpha$ 可化为第一象限的角，$360° - \alpha$ 可化为第四象限的角，它们可表示为 $2k \cdot 180° \pm \alpha$；$180° \pm \alpha$ 可化为第二、三象限的角，表示为 $(2k+1) \cdot 180° \pm \alpha$，统一起来可表为 $n \cdot 180° \pm \alpha$. 所以

$$
\sin(k\pi \pm \alpha) = \begin{cases} \pm \sin\alpha, & k为偶数, \\ \mp \sin\alpha, & k为奇数; \end{cases}
$$

$$
\cos(k\pi \pm \alpha) = \begin{cases} \cos\alpha, & k为偶数, \\ -\cos\alpha, & k为奇数; \end{cases}
$$

$$
\tan(k\pi \pm \alpha) = \pm \tan\alpha ;
$$

$$\cot(k\pi \pm \alpha) = \pm\cot\alpha.$$

3. 几何中的度量关系

几何中的度量关系涉及角、距离、面积、体积，……

$$位置关系\begin{cases} 面面平行 \longrightarrow 线面平行 \longrightarrow 线线平行 \\ 面面垂直 \longrightarrow 线面垂直 \longrightarrow 线线垂直 \end{cases}$$

例如：若平面内有两相交直线分别平行于另一平面，则此两平面平行.

总之，数学方法是数学知识的重要组成部分，数学思想是数学的灵魂. 因此，数学思想和方法是数学教学的必要内容. 随着时代的发展和数学教育改革的深入，加强化归思想方法的教学显得尤为必要. 不仅各级各类学校编写教材时要注重体现化归意识和方法，同时还应加强化归思想的提炼和总结，以改变目前重知识、轻方法，重结论、轻思想的现状，普及数学方法论和造就开拓型人才.

值得一提的是，化归思想方法并非万能的，它有一定的局限性，也不是所有问题都可通过化归来解决，因为由难到易、由繁到简不可能无限地继续下去. 如五次以上方程的求解，虚数、无理数、解析几何的产生等，其成功应用是以数学发现为前提的，因此不能只停留于化归方法的分析，而必须从事更新内容的研究.

4.3   数学中的关系–映射–反演原则

4.3.1   关系–映射–反演原则的意义

例 1   在日常生活中，一个人对着镜子剃胡子，镜子上出现了其脸颊上胡子的映象. 他用剃刀修剪胡子时，需先从镜子里看到映象关系后，再调整剃刀的映象与胡子映象之间的关系，此时才能真正修剪胡子.（女士化妆也如此），其基本模式如下：

例 2   求 $x = \sqrt[3]{2}$ 的值.

解   直接求不容易，由对数性质得

$$\lg x = x^* = \frac{1}{11}\lg 2 = \frac{0.3010}{11}.$$

所以 $x^* = 0.0273$. 所以 $x = \lg^{-1} x^* = 1.065$.

过程如下：

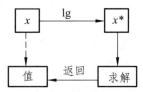

例 3 解析几何的创立.

解析几何是几何代数化思想方法产生的标志. 按照笛卡尔的思想，把点与平面上的数一一对应，直线、圆和圆锥曲线就对应着 x, y 的一次和二次方程式. 这样点、直线、圆锥曲线等就和 (x, y) 及含 x, y 的一次、二次式对应起来，从而使几何问题转化为代数问题，再通过代数关系的求解使几何问题得以解决. 其基本模式如下：

```
几何问题  ──坐标系──▶  代数关系
   │                      │
   ▼                      ▼
满足性质关系 ◀──返回──   解答
```

例 4 计算 $\int \dfrac{1+\sin x}{\sin x(1+\cos x)} dx$.

分析 此为三角函数有理式的积分，直接求解很烦琐，需借助万能代换公式化为有理函数的积分问题，由于有理函数的积分问题已解决，从而三角函数的有理式积分也就解决了.

解 令 $\sin x = \dfrac{2u}{1+u^2}$, $\cos x = \dfrac{1-u^2}{1+u^2}$, $\tan x = \dfrac{2u}{1-u^2}$, 所以

$$原式 = \int \frac{1+\dfrac{2u}{1+u^2}}{\dfrac{2u}{1+u^2}\left(1+\dfrac{1-u^2}{1+u^2}\right)} dx = \int \frac{(1+u)^2(1+u^2)}{4u} \cdot \frac{2}{1+u^2} du$$

$$= \frac{1}{2}\int \left(u+2+\frac{1}{u}\right) du = \frac{1}{2}\left(\frac{u^2}{2} + 2u + \ln|u|\right) + C$$

$$= \frac{1}{4}\tan^2\frac{x}{2} + 2\tan\frac{x}{2} + \frac{1}{2}\ln\left|\tan\frac{x}{2}\right| + C.$$

从上述四例可看出，尽管它们解决的问题不同，但其出发点和思想方法

是一致的. 即当直接解决原问题不易入手时, 通过

$$对应关系（映射）\to 对应新问题 \to 求解 \to 返回原问题$$

这样一种方式来求解. 这是一种间接解决问题的方法, 核心是建立对应关系. RMI 原则是一般方法论范畴的一种"工作原理", 也是数学中经常用于解决问题的重要方法和原理.

给定一个含有目标原象 x 的关系结构系统 S, 如果能找到一个可定映映射 ϕ（即能找到一个能通过确定的数学方法, 从映射的关系结构系统 $S*$ 中将目标映象确定出来的映射）, 将 S 映入或映满 $S*$, 于是便可以从 $S*$ 中通过一定的数学方法, 把目标映象 $x* = \phi(x)$ 确定出来, 再通过反演即逆映射 ϕ^{-1}, 把目标原象 $x = \phi^{-1}(x*)$ 确定出来. 这种通过

$$关系 \to 映射 \to 反演,$$

使问题获解的数学解题方法, 称为数学中的 RMI 原理.

这里, 反演是广义的, 即逆着返回的意思. 上述四例均是利用 RMI 原则获解的.

注意: 使用 RMI 求解问题的过程并非严格的"单向过程".（有时会发现原来的关系结构 S 中的关系不够充分, 即条件不够充分, 以致找不到定映方法来确定目标原象 x, 这时往往设想定映方法和目标映象: 假设 $x* = \phi(x)$ 已经存在, 并运用递推法来求出有关的条件 $C*$, 然后, 再通过 ϕ^{-1} 把相应的条件追补到 S 上.

解决实际问题的 RMI 原理的运用过程框图可表示为:

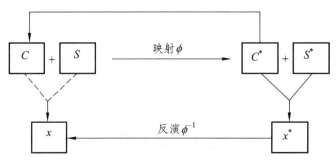

上述思想方法的原则, 对于一个面临战斗任务的军事指挥员来说是非常

有用的. 例如，法国历史上著名的 Austeritz 战役中，拿破仑曾统率法军打败兵力占绝对优势的俄奥联军的进攻，并使联军全面崩溃. 拿破仑当年的思想方法可表述为如下模式：

首先是两军当时的布阵形势加上地形、季节等各种自然因素组成动态的关系结构 S，这个结构 S 在拿破仑头脑中的映像为 $S*$，它是一系列形象概念思维的产物. 当然，$S*$ 并不足以导致想象中的胜利 $x*$，正是拿破仑卓越的洞察力（甚至把敌方统帅的心理状态也作为因素考虑在内）预见到对方将采取的军事行动路线，并相应地采取了击溃和消灭敌方的行动时间计划，所有这些想法和计划便组成补充条件 $C*$，于是 $S*$ 加上 $C*$ 便可保证从逻辑推理上导致胜利目标 $x*$. 由于这些概念推理和行动计划都能在实践中体现出来，当然也就取得了预期的胜利（所期待的实际答案）.

4.3.2 RMI 原则在数学中的应用

正因为 RMI 原则是极普遍的方法原则，因此在初等数学和高等数学中均可找到其应用的实例.

4.3.2.1 RMI 原则在初等数学中的应用

1. 对数法

纳皮尔在 16 世纪末期首先把映射及其反演发展成一套数值计算方法. 由于他看出了指数幂运算与对数运算的对立统一及其相互转化的规律，从而把指数幂运算转化为对数运算，并且编制了对数表作为反演的工具，大大提高了计算效率. 其 RMI 原理框架是：

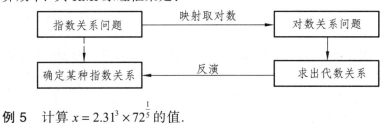

例 5 计算 $x = 2.31^3 \times 72^{\frac{1}{5}}$ 的值.

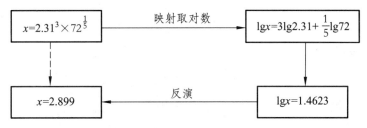

2．解析法

（1）直角坐标法．

例 6　试证△ABC 的重心、垂心、外心共线．

分析　以 AB 为 x 轴，AB 上的高为 y 轴建立直角坐标系．

设 $A(a,0)$，$B(b,0)$，$C(0,c)$

则垂心坐标为 $\left(0,-\dfrac{ab}{c}\right)$，重心坐标为 $\left(\dfrac{a+b}{3},\dfrac{c}{3}\right)$，外心坐标为 $\left(\dfrac{a+b}{2},\dfrac{ab+c^2}{2c}\right)$．

因此，借助行列式易验证三点共线．

（2）极坐标法．

极坐标系下的几何图形同直角坐标系一样，同样可转化为极坐标系下方程的研究，再翻译回去，使原问题得以解决．

例 7　已如圆的直径为 $2r$，圆外的直线 l 与 BA 的延长线垂直，垂足为 T，$|AT|=2a\left(2a<\dfrac{r}{2}\right)$，圆上有相异两点 M,N（见下图），它们与直线 l 的距离 $|MP|,|NQ|$ 满足关系式：$\left|\dfrac{MP}{AM}\right|=\left|\dfrac{NQ}{AN}\right|=1$，求证 $|AM|+|AN|=AB$．

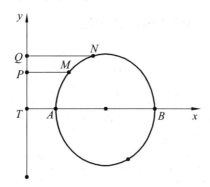

证明　以 A 为极点，射线 AB 为极轴，建立极坐标系．则 MN 所在的半圆方程为

$$\rho=2r\cos\theta\,;$$

MN 所在的抛物线方程为

$$\rho=\frac{2a}{1-\cos\theta}.$$

联立消去 $\cos\theta$，则

$$\rho^2-2r\rho+4ra=0.$$

所以

$$\rho_1+\rho_2=2r.$$

所以 $\qquad |AM|+|AN|=AB$.

3. 复数法

我们知道，复数 $Z=a+bi$ 和坐标平面内的点 (a,b) 之间建立了一一对应关系，过点 Z_1，Z_2 的直线与 $Z_1-Z_2=\lambda(Z_1-Z_2)$ 对应，以 Z_0 为中心的半径为 R 的圆与 $|Z_1-Z_2|=R$ 对应，这样可用复数理论解决实数性质和平面几何问题．其 RMI 框架为：

例 8 已知 $a_i, b_i (i=1,2,\cdots n)$ 为实数，证明：

$$\sqrt{a_1^2+b_1^2}+\sqrt{a_2^2+b_2^2}+\cdots+\sqrt{a_n^2+b_n^2}\geqslant\sqrt{(a_1+a_2+\cdots+a_n)^2}+\sqrt{(b_1+b_2+\cdots+b_n)^2}.$$

证明 $\sqrt{a_k^2+b_k^2}$ 可看作当 $k=1,2,\cdots,n$ 时，$Z_i=a_k+ib_k$ 的模，即

$$\sqrt{(a_1+a_2+\cdots+a_n)^2}+\sqrt{(b_1+b_2+\cdots+b_n)^2}$$
$$=|W|$$
$$=(a_1+a_2+\cdots+a_n)+i(b_1+b_2+\cdots+b_n)$$

的模，根据复数性质自然获证．

4. 参数法

我们知道，平面上的点 P 与数对 (x,y) 或 (ρ,θ) 之间可通过中介参数 t 建立对应关系，即 $F(x,y)=0$，$F(\rho,\theta)$ 与 $\begin{cases}x=\phi(t)\\y=\psi(t)\end{cases}$，$\begin{cases}\rho=f_1(t)\\\theta=f_2(t)\end{cases}$ 之间可进行转化．即

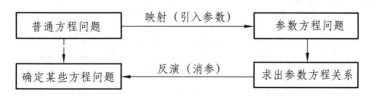

例 9 求椭圆的两条互相垂直的切线的交点的轨迹．

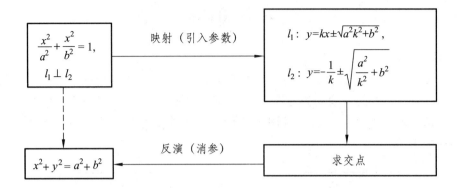

5. 换元法

换元法是指引入一个或几个新的变量代替原来的某些变量（或代数式），在对新的变量求出结果之后，返回去求原变量的结果. 通过换元，将分散的条件联系起来或者把隐含的条件显示出来，变成熟悉的问题. 其模式为：

例 10　计算 $\int \sin 3x \mathrm{d}x$.

例 11　双二次方程.

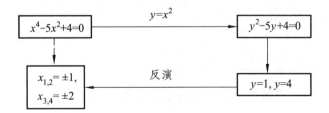

6. 不可能性问题的分析

例 12   古希腊芝诺学派提出了几何三大难题：

（1）化圆为方：$x^2 = \pi$ ；

（2）倍立方：$x^3 = 2$ ；

（3）三等分任意角是几何作图不可能性问题.

不妨以 60°角为例来说明. 首先必须作出 cos20° 或 sin20°. 因为

$$\cos 3x = 4\cos^3 x - 3\cos x ,$$

令 $x = 20°$，所以

$$\cos 60° = \frac{1}{2} = 4y^3 - 3y .$$

所以

$$4y^3 - 3y - \frac{1}{2} = 0 .$$

即根必须用有理数的立方根表示，所以三等分任意角是不可能的.

7. 向量法

在中学数学中渗透向量观点是目前教材改革的一个重大趋势. 其模式为：

例 13   如图所示，$ABCD$ 为平行四边形，求证：$AC^2 + BD^2 = 2(AB^2 + BC^2)$.

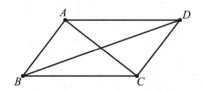

证明   设 $AB = \boldsymbol{\alpha}, BC = \boldsymbol{\beta}$ ，则

$$AC^2 + BD^2 = \overrightarrow{AC^2} + \overrightarrow{BD^2}$$
$$= (\boldsymbol{\alpha} + \boldsymbol{\beta})^2 + (\boldsymbol{\beta} - \boldsymbol{\alpha})^2$$
$$= \boldsymbol{\alpha}^2 + \boldsymbol{\beta}^2 + 2\boldsymbol{\alpha} \cdot \boldsymbol{\beta} + \boldsymbol{\beta}^2 + \boldsymbol{\alpha}^2 - 2\boldsymbol{\alpha} \cdot \boldsymbol{\beta}$$
$$= 2(\boldsymbol{\alpha}^2 + \boldsymbol{\beta}^2)$$
$$= 2(AB^2 + BC^2).$$

例 14   立体几何中直线与平面垂直的判定.

已知：m, n 是平面 α 内任意两条相交直线，且 $l \perp m, l \perp n$，求 $l \perp \alpha$.

证明 设 g 是平面 α 内任一条直线，直线 l, m, n 的单位向量分别为 $\boldsymbol{l}_0, \boldsymbol{m}_0, \boldsymbol{n}_0$，
由此可得：$\boldsymbol{g} = a\boldsymbol{m}_0 + b\boldsymbol{n}_0$.

因为 $l \perp m, l \perp n$，

所以 $\boldsymbol{l} \cdot \boldsymbol{m}_0 = 0, \boldsymbol{l} \cdot \boldsymbol{n}_0 = 0$.

所以 $\boldsymbol{l} \cdot \boldsymbol{g} = \boldsymbol{l} \cdot (a\boldsymbol{m}_0 + b\boldsymbol{n}_0) = 0$.

所以 $l \perp g$.

8. 几何变换法

回顾初等几何中几何变换法的思路，事实上它也是 RMI 的应用.

$$\triangle ABC \text{ 为正 } \triangle \Leftrightarrow B \xrightarrow{R(A,60°)} C,$$

$$\text{等腰 } \mathrm{Rt}\triangle ABC \Leftrightarrow B \xrightarrow{R(A,90°)} C.$$

例 15 勾股定理的证明.

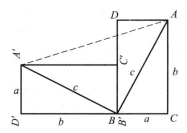

证明 如图，作矩形 $ADBC$，使 $AD \perp BD$.

$$ADBC \xrightarrow{R(B,90°)} A'D'BC',$$

则 $A'D'BC'$ 为矩形，且 $AC // A'D'$，$A'D'CA$ 为梯形.

所以 $D'B = DB = AC = b$，$A'D' = AD = BC = a$.

所以 $S_{AA'D'C} = S_{\triangle ABC} + S_{\triangle ABA'} + S_{\triangle A'D'B}$，

即 $\dfrac{1}{2}(a+b)(a+b) = \dfrac{1}{2}ab + \dfrac{1}{2}ab + \dfrac{1}{2}c^2$.

所以 $c^2 = a^2 + b^2$.

4.3.2.2 在高等教学中的应用

1. 数学分析

例 16 求级数 $S = x + \dfrac{x^3}{3} + \cdots + \dfrac{x^{2n+1}}{2n+1} + \cdots$ 的和函数.

解 作映射

$$\frac{\mathrm{d}S}{\mathrm{d}x} = 1 + x^2 + \cdots + x^{2n} + \cdots = \frac{1}{1-x^2} = S*.$$

再取逆映射，即

$$\int_0^x S* \mathrm{d}x = \int_0^x \frac{1}{1-t^2}\mathrm{d}t = \frac{1}{2}\ln\frac{1+x}{1-x}.$$

其过程如下：

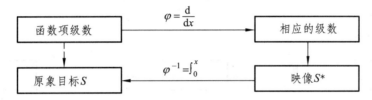

例 17 求和 $S = 1 + 2x + 3x^2 + \cdots + nx^{n-1} + \cdots \ (|x| < 1)$.

解 先取映射

$$\varphi = \int_0^x S\mathrm{d}x ,$$

则

$$S* = \int_0^x S\mathrm{d}x = x + x^2 + x^3 \cdots + x^n = \frac{x}{1-x}.$$

取 $\varphi^{-1} = \dfrac{\mathrm{d}}{\mathrm{d}x}$，所以

$$S = \frac{\mathrm{d}S^*}{\mathrm{d}x} = \frac{\mathrm{d}}{\mathrm{d}x}\left(\frac{x}{1-x}\right) = \frac{1}{(1-x)^2}.$$

其过程如下：

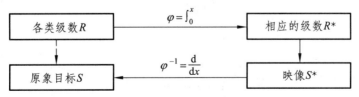

例 18 计算 $\displaystyle\iint\limits_S x^3\mathrm{d}y\mathrm{d}z + y^3\mathrm{d}x\mathrm{d}z + z^3\mathrm{d}x\mathrm{d}y$，其中 S 是球面 $x^2 + y^2 + z^2 = a^2 (a > 0)$ 的外侧.

分析　若按求曲面积分的一般方法，需把 S 投影到三个坐标面上，计算十分复杂，可考虑用映射变换解决问题. 用高斯公式和球坐标变换作两次映射化归:

$$\frac{\partial P}{\partial x}+\frac{\partial Q}{\partial y}+\frac{\partial R}{\partial z}=3(x^2+y^2+z^2)\ ,$$

$$I=\iiint 3(x^2+y^2+z^2)\mathrm{d}x\mathrm{d}y\mathrm{d}z\ ,$$

$$V:0\leqslant\theta\leqslant 2\pi,0\leqslant\varphi\leqslant\pi,0\leqslant r\leqslant a\ ,$$

所以

$$I=3\int_0^{2\pi}\mathrm{d}\theta\int_0^{\pi}\mathrm{d}\varphi\int_0^a r^2r^2\sin^2\varphi\mathrm{d}r=\frac{12}{5}\pi a^5.$$

仔细分析可发现，海因定理的证明、中值定理的证明（引入辅助函数）、级数敛散性的积分判别法、曲面面积、体积的获取都渗透了 RMI 原则. 其思想过程如下:

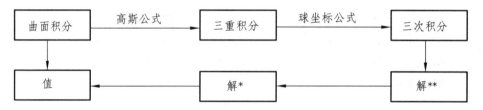

类似中学中 RMI 的应用，微积分中求不定积分时采用的换元法、万能代换等都属于 RMI 的应用范畴.

2. 复变函数（利用残数定理计算积分）

例 19　在点 $z=\infty$ 的去心邻域内将 $f(z)=\mathrm{e}^{\frac{z}{z+2}}$ 展成罗朗级数.

解　令 $z=\dfrac{1}{a}$，则

$$f\left(\frac{1}{a}\right)=\mathrm{e}^{\frac{1}{1+2a}}.$$

求出 $f\left(\dfrac{1}{a}\right)$，再求出 $F(z)$.（略）

例 20　计算积分 $I=\displaystyle\int_0^{2\pi}\frac{\mathrm{d}\theta}{1-2p\cos\theta+p^2}$　$(0\leqslant|p|<1)$.

解　令 $z=\mathrm{e}^{\mathrm{i}\theta}$，则 $\mathrm{d}\theta=\dfrac{\mathrm{d}z}{\mathrm{i}z}$，则

$$\cos(\theta)=z+z^{-1}.$$

利用残数定理求出 $f(z)$，再求 I.（略）

3. 高等代数

（1）判别线性方程组的解.

（2）求矩阵 A 的初等因子.

（3）判定 λ 取何值时，实二次型 $\lambda(x_1^2 + x_2^2 + x_3^2) + 2x_1x_2 - 2x_2x_3 - 2x_3x_1 + x_4^2$ 是正定的.

（4）近世代数

在近世代数中，有些结构验证是比较烦琐或不易入手的，此时可通过转化为同构群来研究.

例 21　A 包含 3 个元 a, b, c，乘法如下表规定，求证 A 的代数运算适合结合律.

·	a	b	c
a	a	b	c
b	b	c	a
c	c	a	b

证明　作模 3 的剩余类加群 $(G, +)$，$G = \{[0], [1], [2]\}$，作映射

$$a \to [0]$$
$$\Phi: \quad b \to [1]\ ,$$
$$c \to [2]$$

因为 Φ 为同构映射，而 G 为循环群，满足结合律. 所以 A 满足结合律.

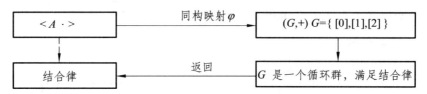

又如：

5. 微分方程

例 22 按 RMI 原则求解微分方程：

$$y'' + 2y' - 3y = e^{-t}, \ 初始条件为 \ y(0) = 0, \ y'(0) = 1.$$

解 引入拉普拉斯变换：

$$Y(s) = \int_0^\infty e^{-st} y(t) dt,$$

两边作拉氏变换，得

$$s^2 Y(s) - 1 + 2sY(s) - 3Y(s) = \frac{1}{s+1}.$$

所以

$$Y(s) = \frac{s+2}{(s+1)(s-1)(s+3)} = \frac{3}{8(s-1)} - \frac{1}{4(s+1)} - \frac{1}{8(s+3)}.$$

所以

$$y(t) = \frac{1}{8}(3e^t - 2e^{-t} - e^{-3t}).$$

6. 微分几何

在微分几何中，讨论曲面的主方向、主曲率时需要引入 Weingarten 变换，进而讨论 W 的特征向量和特征值，再由特征向量和特征值的情况来确定主方向和主曲率.

7. 空间解析几何、高等几何

空间解析几何中利用向量、空间坐标系使形对应数. 高等几何中射影变换、仿射变换体现了 RMI 的应用.

8. 概率论

例 23 有一道选择题，要求学生从 8 个答案中挑选出一个正确的填入括号内.某考生可能知道其正确答案，也可能是瞎猜，而前者的可能性为 0.2，后者的可能性为 0.8，瞎猜而填对的可能性为 $\frac{1}{8}$.若已知该考生的答案正确，问该考生是瞎猜而对的可能性有多大？

分析 此题可利用概率的知识及有关公式、定理来解决，但要建立一个映射 M. 令 $A_1 =$ "已知正确答案而填入"，$A_2 =$ "瞎猜答案而填入"，$B =$ "填入正确答案"，则

$$P(A_1) = 0.2, \quad P(A_2) = 0.8, \quad P(B \mid A_1) = 1, \quad P(B \mid A_2) = \frac{1}{8} \times P(A_2 \mid B),$$

则由全概率公式和贝叶斯公式得 $P(A_2 \mid B) = \frac{1}{3}$.

概率积分 $\int_{-\infty}^{\infty} e^{-x^2} dx$ 的计算，可通过映射转化为两个二次积分的计算，最后借助球坐标完成.（略）

4.4　数学模型化方法

例 1　哥尼斯堡七桥问题.

18 世纪，哥尼斯堡是东普鲁士的首府，著名的大学城，即现在的加里宁格勒.市内有条美丽的普鲁塞尔河，河上风光迷人，常常吸引着小镇上的居民在闲暇之时来此散步、野餐和垂钓.河中有两个小岛，有一座桥连接着这两个小岛，连接两岸与这两个小岛的还有六座桥，共七座桥[见下图（a）]，于是产生了一个有趣的问题：能否一次不重复地走过七座桥.这个问题激发了许多人的好奇心，大家也都热衷于解决此问题，但谁也未能找出答案来.

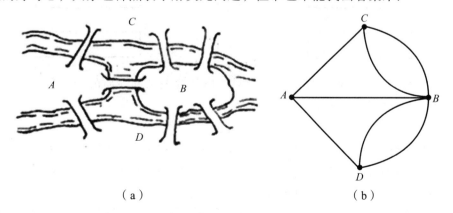

（a）　　　　　　　　　　　（b）

当时，欧拉在彼得堡科学院已度过 10 个春秋.午休时，一封从哥尼斯堡

的来信引起了欧拉的注意. 欧拉是出了名的"好好先生", 对别人的请求有求必应, 甚至连中小学生也向他请教解不出的难题. 欧拉也不管这些问题多么平凡琐碎, 只要需要, 就毫不犹豫地去完成, 从来不考虑是否会降低自己的身份. 那么欧拉是如何解决这一问题的呢?

通过对七桥问题的简单分析发现, 由于它不是研究数量大小的, 故不是人们熟悉的代数问题; 其次它与平面几何问题也不同, 因为平面几何图形不外乎是直线、圆及其组合, 主要讨论角度的大小, 线段的长短, 而七桥问题中, 桥的准确位置以及陆地、岛的大小和形状都无关紧要, 最重要的是考虑有几座岛屿、有几座桥、有几块陆地, 以及其连结情况[见上图（b）]. 根据这一特点, 欧拉把小岛和河岸假想为点, 把桥假想并抽象为连接这些点的线, 则七桥问题进一步抽象为: 从图上某一点开始, 中间任何一条线只许画一遍, 笔不离开纸, 能否把此图一笔画出来呢?

接着, 欧拉开始考虑一笔画的结构特征, 即除了起点和终点外, 中间还可能有些线和点, 若能一笔面成, 则中间点必然有一特征, 即进入此点的线必须有进有出, 即通过中间点的线必须是偶数条, 不妨称其为偶点; 也只有通过起点与终点的线的条数可能是奇数, 当然, 起终点重合时, 蜕化为偶点. 经过分析, 欧拉得出结论: 一笔画中, 要么无奇点, 要么只有两个奇点, 而上图中, 经过 A, B, C, D 四点的曲线都是奇数条, 即有 4 个奇点, 因而一笔画不可能, 他圆满地解决了哥尼斯堡人长期困惑的问题.

其高明之处在于巧妙地构造了一个仅由点、线组成的简单图形, 即构造出七桥问题的数学模型. 他使用的就是典型的数学模型化方法.

在此基础上, 他还发现了一个只考虑位置关系和性质的全新领域——拓扑学. 现实生活中这样的例子还很多.

例 2　九章算术中的问题（方程章）.

上等谷 3 束, 中等谷 2 束, 下等谷 1 束, 共 39 斗; 上等谷 2 束, 中等谷 3 束, 下等谷 1 束, 共 34 斗; 上等谷 1 束, 中等谷 2 束, 下等谷 3 束, 共 26 斗. 问上、中、下三等谷每束各是几斗?

分析　设上等谷每束是 x 斗, 中等谷每束是 y 斗, 下等谷每束是 z 斗, 则

$$\begin{cases} 3x+2y+z=39, \\ 2x+3y+z=34, \\ x+2y+3z=26. \end{cases}$$

上述例子从本质上来讲，解决问题的思想都是把实际问题数学化.

4.4.1 数学模型的意义

数学模型：对现实原型的特征、关系及其规律，利用数学语言或数学方法概括或近似表示出来的一种数学结构. 上述方程组和一笔画均为数学模型.

伴随着数学的发展，人们对数学模型的认识也不断扩大和深入. 人们为了计数，产生了算术，而算术就是计算盈亏、分享猎物等实际问题的模型；几何是物体外形的模型；牛顿的万有引力定律 $F=G\dfrac{M_1M_2}{R_2}$ 是天体力学的模型. 因此，从广义上来讲，数学中的各种基本概念、函数、方程、向量、集合、群、环、域等都可叫作数学模型. 其中，自然数 $1,2,\cdots,n$ 是描述离散数量的模型；欧氏几何是关于直觉空间形体关系分析的模型；每一代数式或数学公式也都是一个模型，其中 $ax^2+bx+c=0$ 就是一类具体应用题的模型.

数学模型有广义和狭义两种解释. 从广义上来说，一切数学概念、原理和数学理论体系都可以视为数学模型（一切数学概念、数学理论体系、数学公式、各种方程以及由公式系列构成的算法系统都叫作数学模型）. 从狭义上来说：只有反映特定问题或特定具体事物的数学关系结构才叫作数学模型. 如一笔画的数学模型.

在现代科学和数学领域，数学模型一词常作狭义解释，构造数学模型的目的是解决实际问题. 因而，通过构建数学模型来解决实际问题的方法称为数学模型化方法（mathematics modeling method），简称 MM 方法. 其基本思想是：

4.4.2 数学模型的分类

由于现实世界形形色色，千差万别，因此，建立数学模型需要考虑建立何种类型的数学模型. 根据不同的标准,可以把数学模型划分为各种不同的类型,但数学模型一般应体现如下两个特征:首先,数学模型具有严格推导(逻辑推理)的可能性以及导出结论的确定性,否则数学模型就失去其应用价值.其次,数学模型相对于较复杂的现实原型来说显然具有化繁为简、化难为易的特征和功能,但在实际问题的解决中又有一定的误差. 因此,好的数学模型应具有估计误差范围的性能.

按照数学模型所涉及的数学内容来划分,可把数学模型划分为确定性数学模型、随机性数学模型、模糊性数学模型、突变性数学模型.

1. 确定性数学模型

这类模型所刻画的是一类必然现象,反映的是因果律,它的数学形式可以是各种各样的方程、关系式和网络图等. 如哥尼斯堡七桥问题、九章算术、线性规划等问题.

一般地,初等数学中的模型,大都属于此类. 例如:标准大气压下,把水加热,当温度升高到 100 ℃ 时,水必然开始沸腾. 据此可建立如下模型:

$$y = f(x) = \begin{cases} 0, & 0 < t < 100, \\ 1, & t = 100. \end{cases}$$

2. 随机性数学模型

这种模型所刻画的原型具有随机性(或然性),反映的是机遇律(与因果律相区别),使用的数学工具是概率论与数理统计的概念和方法. 例如,夏日夜晚,星光灿烂,当你仰望苍穹,陶醉在自然美景中的时候,或许有一道亮光突然划破天空,这便是流星的出现;产品合格、目标击中等带有很大的或然性. 又如,学生成绩、同一生产条件下制造的电灯泡的使用寿命等,都服从正态分布 $N(\mu,\sigma) = \dfrac{1}{\sigma\sqrt{2\pi}}\mathrm{e}^{-\frac{(x-\mu)^2}{2\sigma^2}}$.

3. 模糊性数学模型

这类模型所反映的原型及其关系具有模糊性. 例如,用电子计算机模拟人脑并代替人脑去执行一些任务时,就需要把人们常用的"高个子""比较年轻""胖胖的"等模糊语言设计为机器能够接收的指令和程序,使机器能像人脑那样简捷地做出相应的判断,从而提高机器自动识别和控制模糊现象的效率. 对于这类问题,就需要建立模糊性数学模型,运用的数学工具是模糊集合论和模糊逻辑.

4. 突变性数学模型

一座美丽如画的城市因遭遇地震而顷刻间化为一片废墟,一架凌空翱翔的飞机因机翼的突然脱落而机毁人亡，火山爆发，火灾、水灾的突发，等等，这种突如其来、急剧变化的情况在以前并没有数学上的分析和表达，而现在突变理论的创立和发展为这种突变现象提供了数学模型．法国拓扑学家托姆经过研究发现，在空间不超过四维的情况下，突变现象分为七种：转折型、尖角型、燕尾型、蝴蝶型、双曲脐点、椭圆脐点、抛物脐点，且每一种均对应位势函数和方程式．例如，在几何光学中，用燕尾转折型解释彩虹形状和奇妙的光学现象；用尖角型描述在恐惧、愤怒两种因素控制下的狗，从夹着尾巴到疯狂反扑的心理突变现象．

4.4.3 数学模型化方法应用举例

例 3 某一家庭（父母、孩子）去某地旅游，甲旅行社说：如父亲买全票一张，其余人可享受半票优惠，乙旅行社说：家庭旅行算集体票，按原价的 $\frac{2}{3}$ 优惠，这两家旅行社的价格是一样的．试就家庭中不同的孩子数，分别计算两家旅行社的收费，并讨论哪家优惠力度大．

解 设有 x 个孩子，收费为 $y_甲$，$y_乙$，一张全票价为 a 元，则有：

$$y_甲 = a + \frac{1}{2}(x+1)a, \quad y_乙 = \frac{2}{3}(x+2)a.$$

则

$$y_甲 - y_乙 = \frac{1}{6}a(1-x).$$

所以 $x=1$ 时，$y_甲 = y_乙$；$x>1$ 时，$y_甲 < y_乙$；$x<1$ 时，$y_甲 > y_乙$．

例 4 如图所示，把一根直径 $d = 40$ mm 的圆木加工成矩形截面的柱子，问怎样据可使废弃木料最少？

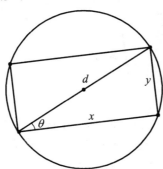

模型 1：$S = x\sqrt{d^2 - x^2}$（x 为何值）；

模型 2：$S = d^2 \sin\theta\cos\theta = \frac{d^2}{2}\sin 2\theta$；

模型 3：$x^2 + y^2 = d^2$，求 $S = xy$ 使 S 最大.

例 5　求方程 $x_1 + x_2 + x_3 + x_4 = 15$ 的正整数解的个数.

分析　这是不定方程求解的计数问题，可以构造一个分球模型. 设想有 15 个相同的小球排成一列，要把这个球列分成每段都不空的有序 4 段，第 i 段的球数记为 x_i，显然，正整数解的个数与球列符合要求分法的个数相等. 即符合要求的分法只需用 3 块隔板插在 15 个小球之间（隔板不相邻），可以从 15 个球所形成的 14 个间隙中任选 3 个间隙去插板来完成. 即有

$$C_{14}^3 = C_{15-1}^{4-1}.$$

例 6　从全世界人口中任选六个人，总有三个人彼此认识或彼此不认识.

分析　用平面上的六个点来表示这六个人，依次编号为 1, 2, 3. 4, 5, 6. 若两人相识，他们之间用实线连接；若不相识，则用虚线连接. 这样，问题就转化为考虑每两个点之间的连线问题（可能实线、可能虚线）. 为避免连线重叠，可设这六个点无三点共线，于是把每两个点都用直线连接起来后，共有 $C_6^2 = 15$ 条直线. 进而问题转化为要证明上述 15 条直线中，一定有三条实线或三条虚线构成三角形，即提炼出问题的数学模型.

从点 1 出发与其余五点的连线只有"五实""四实一虚""三实二虚""二实三虚""一实四虚"和"五虚"六种情况. 由于"五实"与"五虚"，"四实一虚"与"一实四虚"，"三实二虚"与"二实三虚"的情况完全对称，因此，只需就以下三种情况进行讨论：

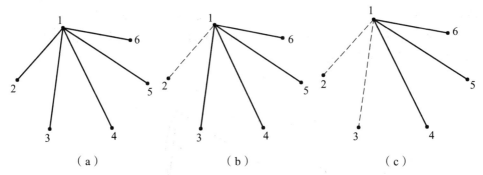

（a）　　　　　　　　（b）　　　　　　　　（c）

（1）对于"五实"，如上图（a）所示，对于从点 2 出发，向点 3, 4, 5, 6 引直线，若至少有一条是实线，则存在实线三角形；若全部是虚线，再考虑从点 3 出发，向点 4 引直线，无论是实线或虚线必会出现实线三角形或虚线三角形.

（2）对于"四实一虚"，如上图（b）所示，假设点 1 和点 2 之间用虚线连接，点 3, 4, 5 重复上述证明过程，结论同样成立.

（3）对于"三实二虚"，如上图（c）所示，假设点 1 和点 2，点 1 和点 3 之间用虚线连接，这时点 4, 5, 6 重复上述的证明过程，结论也成立.

其实，我们证明了图论中的定理：用实线或虚线（用红蓝两色）连接六个点中的任意两个点，至少必有一个实线三角形或虚线三角形（同色三角形）.

例 7　有 17 位科学家，每一位和其他 16 位之间互相通信，并且所讨论的仅有三个问题，求证至少有三位科学家讨论同一问题.

分析　此题较例 4 相对复杂，但最后归结为例 4 的模型：空间六点，任三点不共线，两两连线用红蓝去染（一条线段染一色），无论如何染，恒存在同色三角形.

证明　（1）设 A 为 17 位科学家之一，$16 > 3 \times 5$，根据抽屉原理，至少有 6 位科学家和 A 讨论同一问题. 不妨设讨论甲问题，则和 A 讨论甲问题的至少有 6 人，在这 6 人中，至少两个人讨论甲问题，加上 A，共三人讨论；若无人讨论甲问题，则讨论乙问题和丙问题，设 B 为一人，$5 > 2 \times 2$，则至少有 3 人和 B 讨论同一问题，设为乙问题，若两人讨论乙问题加上 B，则三人讨论；若均不讨论乙问题，则有 3 人讨论丙问题.

例 8　甲、乙两地相距 S 千米，汽车从甲地匀速行驶到乙地，速度不超过 C 千米/时. 已知汽车每小时的运输成本（以元为单位）由可变部分和固定部分组成：可变部分与速度 v（千米/时）的平方成正比，比例系数为 b；固定部分为 a 元.

（1）把全程运输成本 y（元）表示为速度 v（千米/时）的函数，并指出函数的定义域.

（2）为使全程运输成本最小，汽车应以多大速度行驶？

解　（1）依题意知，汽车从甲地匀速行驶到乙地所用时间为 $\dfrac{S}{v}$，全程运输成本为

$$y = a \cdot \frac{S}{v} + bv^2 \frac{S}{v} = S\left(\frac{a}{v} + bv\right), v \in (0, C].$$

（2）因为 S, a, b, v 均为正数，所以

$$S\left(\frac{a}{v} + bv\right) \geqslant 2S\sqrt{ab}，当且仅当 \frac{a}{v} = bv 时，$$

即 $v = \sqrt{\dfrac{a}{b}}$ 时上式等号成立.

若 $\sqrt{\dfrac{a}{b}} \leqslant C$ 时，则 $v = \sqrt{\dfrac{a}{b}}$ 时，全程运输成本 y 最小；

若 $\sqrt{\dfrac{a}{b}} > C$ ，当 $v \in (0, C]$ 时，因 $y = S\left(\dfrac{a}{v} + bv\right)$ 为减函数，所以 $v = C$ 时，全程运输成本 y 最小.

例 9 某送奶公司计划在三栋楼之间建一个取奶站，三栋楼在同一条直线上，顺次为 A 楼、B 楼、C 楼，其中 A 楼和 B 楼之间的距离为 40 米，B 楼和 C 楼之间的距离为 60 米. 已知 A 楼每天有 20 人取奶，B 楼每天有 70 人取奶，C 楼每天有 60 人取奶，送奶公司提出两种建站计划.

方案一：让每天所有取奶人的人到奶站的距离总和最小；

方案二：让每天 A 楼与 C 楼所有取奶的人到奶站的距离之和等于 B 楼所有取奶的人到奶站的距离.

（1）若按照方案一建站，取奶站应建在什么位置？

（2）若按照方案二建站，取奶站应建在什么位置？

（3）在（2）的情况下，若 A 楼每天取奶的人数增加（增加的人数不超过 22 人），那么取奶站的位置将离 B 楼越来越远，还是越来越近？请说明理由.

分析 此题体现了学生运用"建模"思想解决实际问题的能力. 第（1）问主要考查学生运用函数思想，通过建立函数模型来解决实际问题的能力；第（2）问主要考查学生运用方程思想，通过建立方程模型解决实际问题的能力；第（3）问主要考查学生综合运用这两种数学思想的能力. 其间还考查了学生的数形结合思想和分类思想，总之，这是一道不可多得的综合考查学生数学思想的好题.

解 （1）设取奶站建在距 A 楼 x 米处，所有取奶人到奶站的距离总和为 y 米，则：

① 当 $0 \leqslant x \leqslant 40$ 时，
$$y = 20x + 70(40 - x) + 60(100 - x)，$$
即
$$y = -110x + 8800.$$
所以当 $x = 40$ 时，y 有最小值为 4400 米.

② 当 $40 < x \leqslant 100$ 时，
$$y = 20x + 70(x - 40) + 60(100 - x)$$
即
$$y = 30x + 3200.$$
此时 y 的值大于 4400，当 $x > 100$ 时，显然不合实际.

所以按照方案一建站，取奶站应建在距 A 楼 40 米处，即 B 楼的位置.

（2）设取奶站建在距 A 楼 x 米处，则：

① 当 $0 \leqslant x \leqslant 40$ 时，
$$20x + 60(100 - x) = 70(40 - x)，$$

解得 $x = -\dfrac{320}{3} < 0$（舍去）；

②当 $40 < x \leqslant 100$ 时，

$$20x + 60(100 - x) = 70(x - 40),$$

解得 $x = 80$．

所以按照方案二建奶站，取奶站应建在距 A 楼 80 米处．

（3）设 A 楼取奶人数增加 a 人，

①当 $0 \leqslant x \leqslant 40$ 时，

$$(20 + a)x + 60(100 - x) = 70(40 - x),$$

解得 $x = -\dfrac{3200}{a + 30} < 0$，（舍去）；

②当 $40 < x \leqslant 100$ 时，

$$(20 + a)x + 60(100 - x) = 70(x - 40),$$

解得 $x = -\dfrac{8800}{110 - a}$．

所以当 a 增加时，x 增大．当 $x > 100$ 时，不合实际，但也可解出．

所以当 A 楼的取奶人数增加时，按照方案二建奶站，取奶站仍建在 B, C 两楼之间，且随人数的增加离 B 楼越来越远．

4.5　数形结合思想方法

4.5.1　数形结合思想的重要性

数学研究的对象是现实世界的空间形式和数量关系，其中，在初等数学中，数量关系包括数、式、方程、函数以及导数、积分等，空间形式包括几何图形（三角形、四边形、多边形、圆形、柱体、锥体、台、球体、圆锥曲线、线性规划等）．如果借助图形的性质，可以使许多抽象的数学事实直观而形象化，通常称为"以形助数"或者"以形验数"；涉及图形的问题如能转化为数量关系问题，即几何问题代数化，通常称为"以数辅形"或"以数表形"．也就是说，通过"数"和"形"相辅相成使抽象思维和形象思维相互作用，实现数量关系与图形性质的相互转化，将抽象的数量关系和直观的图形结合起来研究数学问题．数学家拉格朗日指出：代数与几何在各自的道路上前进时，它们的进展是缓慢的，应用也很有限，但当这两门学科结合起来后，它们就会各自从对方汲取新鲜的活力，从此以很快的速度向着完美的境地飞跑．

数学家华罗庚指出：数与形，本是相倚依，焉能分作两边飞；数无形时少直觉，形少数时难入微；数形结合百般好，隔离分家万事休；切莫忘，几何代数流一体，永远联系莫分离.

4.5.2　数形结合的历史渊源

4.5.2.1　数形结合思想的萌芽

早在毕达哥拉斯时代就有了数形结合思想的萌芽. 古希腊的毕达哥拉斯学派把单位 1 想象为一个点，由点的各种不同的排列可以组成各种图形，而各种不同的图形就与相应的数对应. 这个学派关于许多数的性质的发现，都是以数形结合的方法为出发点而得出的.

例如，三角形数：

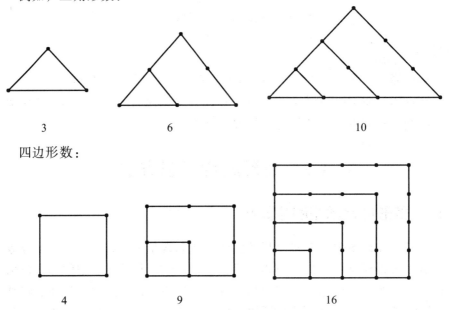

又如，正方形数是由 n^2 个点组成的方阵，如果再加上 $2n+1$ 个点，就得到由 $(n+1)^2$ 个点组合成的方阵，即有公式：

$$n^2 + 2n + 1 = (n+1)^2.$$

如果取 $2n+1 = (2m+1)^2$，就会得到：

$$(2m+1)^2 + (2m^2 + 2m)^2 = (2m^2 + 2m + 1)^2.$$

这正好是毕达哥拉斯定理（勾股定理）.

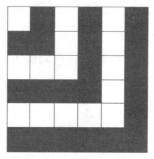

用线段表示数，用几何术语和方法来表达和证明代数恒等式或关系式，如：

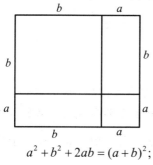

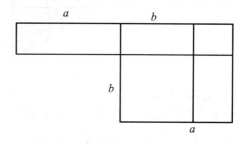

$$a^2 + b^2 + 2ab = (a+b)^2;$$

$$(a+b)(a-b) = a^2 - b^2.$$

无论是中国，还是古希腊、阿拉伯等国家，最初都是用图形来解决二次方程的.

例如：古阿拉伯数学家解二次方程：

$$x^2 + 10x = 39.$$

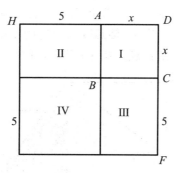

如图，AB 表示未知数 x，作正方形 $ABCD$，

延长 DA 到 H，DC 到 F，使 $AH = CF = 5$，以 DH 为边作正方形.

则 I, II, III 的面积分别为 $x^2, 5x, 5x$，三者之和即方程的右边 39.

而 39 加上面积 IV，即 $39 + 25 = 64 = HD^2$.

从而 $HD = 8$.

所以 $x = HD - AH = 8 - 5 = 3$.

最早对勾股定理进行证明的，是三国时期吴国的数学家赵爽创制的一幅"勾股圆方图"（见下图）. 他用形数结合得到的方法，给出了勾股定理的详细证明.

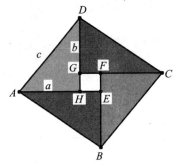

在这幅"勾股圆方图"中，以弦为边长得到正方形 $ABCD$，而正方形 $ABCD$ 是由 4 个相等的直角三角形再加上中间的那个小正方形组成的. 每个直角三角形的面积为 $\frac{1}{2}ab$；中间的小正方形边长为 $b-a$，则面积为 $(b-a)^2$. 于是可得如下的式子：

$$4 \times \frac{1}{2}ab + (b-a)^2 = c^2.$$

化简后便可得

$$a^2 + b^2 = c^2.$$

刘徽用了"出入相补法"即剪贴证明法进行了证明，他把勾股为边的正方形上的某些区域剪下来（出），移到以弦为边的正方形的空白区域内（入），结果刚好填满，完全用图解法就解决了问题.（下图为刘徽的勾股证明图）

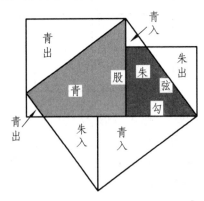

中国古代数学家们对于勾股定理的发现和证明，在世界数学史上做出了

巨大的贡献，具有独特的地位，尤其是其中体现出来的"形数统一"的思想方法，更具有科学创新的重大意义.

4.5.2.2 数形结合思想的质的飞跃

在笛卡尔时代,数形结合思想有了质的飞跃.笛卡尔曾推出一种解决各类问题的万能的模式:

（1）把任何问题转化为数学问题;

（2）把任何一个数学问题转化为一个代数问题;

（3）把任何一个代数问题归结为求解一个方程.

他的计划过于庞大，自然无法实现，但在解决几何问题中却得到了成功的运用，并创立了解析几何学，开辟了数形结合的新纪元.

4.5.3 数形结合思想应用举例

数形结合是重要的数学思想和一柄双刃的解题利剑. 数形结合常包括:以形助数、以数辅形、数形结合三个方面.

4.5.3.1 以数辅形

以数辅形的基本思想是指利用纯几何方法解决问题比较棘手时，可把几何的量数量化，几何的点坐标化，几何的线性方程化，几何的元素间的关系等式或不等式化，从而把所研究的几何问题转化为代数、向量等问题. 常用的方法有代数法、三角法、坐标法、复数法等.

1. 代数法

代数法是用代数方法解决几何问题的.

例 1 平行四边形 $ABCD$ 中，$\angle A$ 是锐角，且 $AC^2 \cdot BD^2 = AB^4 \cdot AD^4$，求证：$\angle A = 45°$.

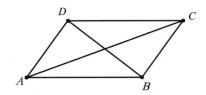

分析 线段之间的关系不甚明朗，需通过关系式进行转化：由于

$$m^2 \cdot n^2 = a^4 + b^4;$$
$$m^2 + n^2 = 2(a^2 + b^2),$$

所以 m^2，n^2 应是 $x^2 - 2(a^2 + b^2)x + (a^4 + b^4) = 0$ 的两个根，即

$$x = a^2 + b^2 \pm \sqrt{2}ab.$$

设 $n < m$ ，则

$$n^2 = a^2 + b^2 - \sqrt{2}ab.$$

又

$$n^2 = a^2 + b^2 - 2ab\cos\angle BAD，$$

所以 $\cos\angle BAD = \dfrac{\sqrt{2}}{2}$. 所以 $\angle A = 45°$.

2. 三角法

研究几何问题时，可将线段和角的关系转化为三角函数来完成，通过三角恒等变形来完成.

例 2　求证内接圆 O 的所有腰长为 a 的等腰梯形的高与中位线长度之比为定值.（第 22 届全苏数学奥林匹克竞赛题）

分析　此题为定值问题，若能通过特殊值寻找到定值再证明即可完成.但对本题而言，似乎不好找，不过在运动的过程中可分析哪些量不发生变化，这也成为解答本题的关键.

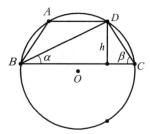

证明　⊙O 固定，CD 固定，$\angle CBD = \alpha$ 为定角，$\angle BCD = \beta$ 为动角，D 到 BC 的距离为 h ，因为

$$BD = 2R\sin\beta, \qquad h = BD \cdot \sin\alpha = 2R\sin\alpha\sin\beta，$$

$$AD = 2R\sin(\beta - \alpha), \qquad BC = 2R\sin\left[180° - (\alpha + \beta)\right]，$$

所以

$$中位线 = \frac{1}{2}(AD + BC) = \frac{1}{2}\left[2R\sin(\beta - \alpha) + 2R\sin(\alpha + \beta)\right]$$

$$= R\left[\sin(\beta + \alpha) + \sin(\beta - \alpha)\right] = 2R\sin\beta\cos\alpha.$$

所以高与中位线之比为 $\dfrac{2R\sin\alpha\sin\beta}{2R\sin\beta\cos\alpha} = \tan\alpha$ 为定值.

例 3 （托勒密定理），已知：四边形 $ABCD$ 是圆内接四边形，AC 和 BD 为其两条对角线，求证：$AC \cdot BD = AB \cdot CD + AD \cdot BC$.

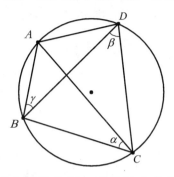

分析 要证六条线段之间的关系，而且这六条线段都是同圆的弦，因此可以将每条线段用外接圆半径与其所对的圆周角来表示，即

$$AB = 2R\sin\alpha, \ BC = 2R\sin\beta, \ DA = 2\sin\gamma,$$

$$CD = 2R\sin(\alpha + \beta + \gamma), \ AC = 2R\sin(\alpha + \beta), \ DB = 2R\sin(\alpha + \gamma).$$

再利用和差化积与积化和差公式推导，结论成立.

3. 坐标法（解析法）

解答几何问题时，可以通过建立坐标系，使几何问题转化为代数问题，运用代数知识来解决，再赋予其几何意义，从而获得对几何问题的解答.

例 4 H 为 $\triangle ABC$ 的高 AD 上一点，CH 的延长线交 AB 于 F，BH 的延长线交 AC 于 E，求证：$\angle FDA = \angle ADE$.

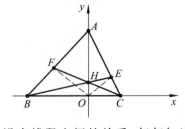

分析 已知条件中没有线段之间的关系，仅仅知道 AD 是三角形一边上的高，由于 H 的任意性，也就是在变化中寻找不变的关系，探索 H 为特殊位置

时，如 H 是垂心.

证明　建立如上图所示的直角坐标系，设 $\triangle ABC$ 各顶点及 H 点的坐标分别为：$B(b,0),C(c,0),A(0,a),H(0,h)$. 则 AC 的方程为

$$\frac{x}{c}+\frac{y}{a}=1;$$

BH 的方程为

$$\frac{x}{b}+\frac{y}{h}=1.$$

两式相减得

$$x\left(\frac{1}{c}-\frac{1}{b}\right)+y\left(\frac{1}{a}-\frac{1}{h}\right)=0.$$

此方程过原点和 E，为 DE 的方程.

同理

$$x\left(\frac{1}{b}-\frac{1}{c}\right)+y\left(\frac{1}{a}-\frac{1}{h}\right)=0$$

为 DF 的方程，而 $k_{DE}=-k_{DF}$，所以 $\angle FDA=\angle ADE$.

例 5　求证：内接于平行四边形的三角形的面积不可能大于这个平行四边形的面积的一半.

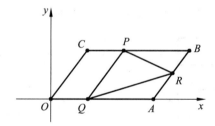

证明　建立如上图所示的直角坐标系，设平行四边形 $OABC$ 各点的坐标为分别 $(0,0),(a,0),(b,d),(c,d)$，内接 $\triangle PQR$ 的各顶点的坐标分别为 $P(x_1,d),Q(x_2,0)$，$R(x_3,y)$，则

$$S_{\triangle PQR}=\frac{1}{2}(x_1-x_2)d+\frac{1}{2}(x_3-x_1)(y+d)-\frac{1}{2}(x_3-x_2)y$$

$$=\frac{1}{2}d(x_3-x_2)+\frac{1}{2}y(x_2-x_1)$$

$$\leqslant\frac{1}{2}d(x_3-x_2)+\frac{1}{2}d(x_2-x_1)\ (y\leqslant d)$$

$$= \frac{1}{2} d(x_3 - x_1)$$

$$\leqslant \frac{1}{2} da \ [(x_3 - x_1) \leqslant a]$$

$$= \frac{1}{2} S_{\triangle ABC},$$

即 $S_{\triangle PQR} \leqslant \frac{1}{2} S_{\triangle ABC}$.

4. 复数法

用复数法解决几何问题，主要是把平面看作复平面，x 轴为实轴，y 轴为虚轴，把点和几何量设为复数，通过复数运算得出结论.

例 6　P 是边长为 1 的正方形 $ABCD$ 内任意一点，求 $f(P) = PA + PB + PC + PD$ 的最小值.

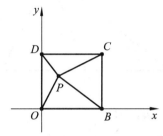

分析　此式子化简或直接求值都比较困难，若联想复数的模，不妨设

$$Z_1 = x + yi, \ Z_2 = x + (1 - y)i, \ Z_3 = (1 - x) + yi, \ Z_4 = (1 - x) + (1 - y)i,$$

则

$$f(P) = |Z_1| + |Z_2| + |Z_3| + |Z_4|$$

$$\geqslant |Z_1 + Z_2 + Z_3 + Z_4|$$

$$= |2 + 2i| = 2\sqrt{2}，其中等号当且仅当 x = y = \frac{1}{2} 成立.$$

所以最小值为 $2\sqrt{2}$.

5. 向量法

平面和空间上的点、线段均可表示为向量，此时几何中的各种关系可表示为向量的代数运算，几何中的许多命题可归结为向量代数来完成.

向量是一个具有几何和代数双重身份的概念，运用向量解决传统的数学问题可以帮助学生更好地建立代数与几何的关系，使数学的语言、风格、思维方式更接近于近代和现代数学. 同时，向量也为数学命题的证明提供了一种新方法，向量法证明较少依赖于直观，显得更为严谨；向量法证明一般通过向量间的运算来完成，便于入手，技巧性要求低一些，处理几何问题更容易、更简捷. 我国在中学数学课程标准中明确提出了有关向量的要求.

　　向量法以向量和向量的运算系统为工具，把几何的基本元素归结为向量，然后对这些向量借助向量的运算系统进行运算和讨论，再把结果还原成几何结论. 基本工具主要有四条：第一，向量相加的首尾相连法则；第二，向量数乘的意义和运算律；第三，向量的内积（数量积）的意义和运算律，特别是互相垂直的向量积为 0；第四，平面向量的基本定理.

　　例 7　已知 AM 为 $\triangle ABC$ 的边 BC 上的中线，求证：$AB^2 + AC^2 = 2(AM^2 + BM^2)$.

　　分析　首先从一个顶点出发设向量，其余向量使用首尾相连法则及其运算律.

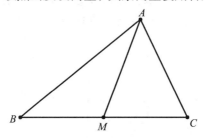

　　证明　设 $\overrightarrow{AB} = \boldsymbol{c}$，$\overrightarrow{AC} = \boldsymbol{b}$，则

$$\overrightarrow{BC} = \boldsymbol{b} - \boldsymbol{c}，\quad \overrightarrow{AM} = \frac{1}{2}(\boldsymbol{b} + \boldsymbol{c}).$$

从而

$$AM^2 = \overrightarrow{AM}^2 = \left|\overrightarrow{AM}\right|^2 = \frac{1}{4}(\boldsymbol{b} + \boldsymbol{c})(\boldsymbol{b} + \boldsymbol{c}) = \frac{1}{4}(\boldsymbol{b}^2 + 2\boldsymbol{b} \cdot \boldsymbol{c} + \boldsymbol{c}^2);$$

$$BM^2 = \left|\overrightarrow{BM}\right|^2 = \left(\frac{1}{2}\overrightarrow{BC}\right)^2 = \frac{1}{4}(\boldsymbol{b} - \boldsymbol{c})^2 = \frac{1}{4}(\boldsymbol{b}^2 - 2\boldsymbol{b} \cdot \boldsymbol{c} + \boldsymbol{c}^2),$$

于是

$$2(AM^2 + BM^2) = \boldsymbol{b}^2 + \boldsymbol{c}^2.$$

又有

$$AB^2 + AC^2 = \overrightarrow{AB}^2 + \overrightarrow{AC}^2 = \boldsymbol{b}^2 + \boldsymbol{c}^2,$$

所以

$$AB^2 + AC^2 = 2(AM^2 + BM^2).$$

　　例 8　三角形三条中线共点，且这点分各中线的线段比为 2：1.

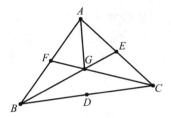

（证明略）

4.5.3.2 以形助数

用几何方法解决代数问题主要是利用几何图形或代数问题的几何背景来解决问题.

例 9 已知一元二次方程 $7x^2-(k+13)x+k^2-k-2=0$ 的图像与 x 轴有两个交点，而且依题意这两个交点在 0 与 1 和 1 与 2 之间.

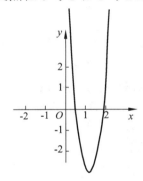

解 如上图有

$$f(0)>0,\ f(1)<0,\ f(2)>0,$$

故得

$$\frac{f(0)}{f(1)}<0,\ \frac{f(1)}{f(2)}<0.$$

于是问题转化为解关于 k 的不等式：

$$\frac{f(0)}{f(1)}=\frac{(k+1)(k-2)}{(k+2)(k-4)}<0,$$

$$\frac{f(1)}{f(2)}=\frac{(k+2)(k-4)}{k(k-3)}<0.$$

例 10 条件甲：$x^2+y^2\leqslant 4$，条件乙：$x^2+y^2\leqslant 2x$，则甲是乙的（　　　　）.

A 充分非必要　　　　　B 必要非充分

C 充要条件　　　　　　D 既非充分条件又非必要条件

　　分析　分别画出不等式所表示的几何图形，一目了然，答案为 B.

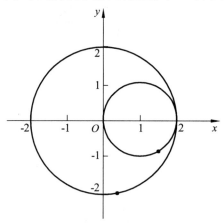

　　例 11　关于 x 的不等式 $ax^2+bx+c<0$ 的解集为 $(-\infty,\alpha)\bigcup(\beta,+\infty)$，其中 $\alpha<\beta<0$，求不等式 $ax^2-bx+c>0$ 的解集.

　　分析　由已知得二次函数 $f(x)=ax^2+bx+c$ 的图像开口向下，且过点 $(\alpha,0),(\beta,0)$, $g(x)=ax^2-bx+c$ 的图像与 $f(x)$ 的图像关于 y 轴对称，故 $ax^2-bx+c>0$ 的解集为 $(-\beta,-\alpha)$.

　　例 12　设 $a,b,c\in \mathbf{R}^+$，求证：
$$\sqrt{a^2+b^2}+\sqrt{b^2+c^2}+\sqrt{c^2+a^2}\geqslant \sqrt{2}(a+b+c).$$

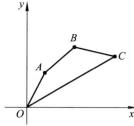

　　解　设点 A,B,C 的坐标分别为 $A(a,b)$, $B(a+b,b+c)$, $C(a+b+c,a+b+c)$, 则有

$$|OC|=\sqrt{2}(a+b+c),\ |OA|=\sqrt{a^2+b^2},$$

$$|AB|=\sqrt{b^2+c^2},\ |BC|=\sqrt{c^2+a^2}.$$

显然

$$|OA|+|AB|+|BC|\geqslant|OC|,$$

即

$$\sqrt{a^2+b^2}+\sqrt{b^2+c^2}+\sqrt{c^2+a^2} \geqslant \sqrt{2}(a+b+c).$$

例 13 （天津卷第 16 题）$f(x)$ 是定义在 **R** 上的奇函数，且 $y=f(x)$ 的图像关于直线 $x=\dfrac{1}{2}$ 对称，则 $f(1)+f(2)+f(3)+f(4)+f(5)=0$.

分析 $f(-x)=-f(x)$.

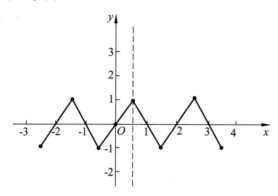

例 14 设 $z=2y-x$，式中变量 x,y 满足下列条件

$$\begin{cases} 2x-y \geqslant -1, \\ 3x+2y \leqslant 23, \\ y \geqslant 1, \end{cases}$$

则 z 的最大值为 ___11___.

分析 解决此题的关键是正确作出图形.

例 15 已知双曲线 $\dfrac{x^2}{a^2}-\dfrac{y^2}{b^2}=1 \ (a>0,b>0)$ 的右焦点为 F，若过点 F 且倾斜角为 $60°$ 的直线与双曲线的右支只有一个交点，则此双曲线离心率的取值范围是（C）.

A $(1,2]$ B $(1,2)$ C $[2,+\infty)$ D $(2,+\infty)$

分析 $\dfrac{b}{a} \geqslant \sqrt{3}$，所以

$$l=\frac{c}{a}=\frac{\sqrt{a^2+b^2}}{a}=\sqrt{1+\left(\frac{b}{a}\right)^2} \geqslant 2.$$

例 16 若不等式 $|x-4|+|3-x|<a$ 的解集是空集，则实数 a 的取值范围是___.

分析 分析不等式的几个可意义，可以从函数图形得到解答.

解 令

$$f(x) = |x-4| + |3-x| = \begin{cases} 7-x, & x < 3, \\ 1, & 3 \leqslant x < 4, \\ 2x-7, & x \geqslant 4, \end{cases}$$

由图像知，$f(x)$ 的值域是 $[1, +\infty)$.

例 17　正数 a, b, c, M, N, F 满足 $a+M = b+N = c+F = k$，求证：

$$aN + bF + cM < k^2.$$

（第 21 届全苏奥林匹克试题）

分析　直接证明不易，由条件 $a+M = b+N = c+F = k$ 可知，可以构造边长为 k 的等边三角形，再观察要证明的式子 $aN + bF + cM < k^2$，联想到通过面积来解决.

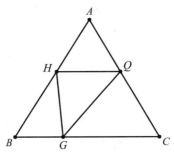

证明　构造边长为 k 的等边三角形 $\triangle ABC$，在 BC, CA, AB 边上分别取点 G, Q, H，使得 $BG = M$，$GC = a$，$CQ = N$，$QA = b$，$AH = F$，$HB = c$. 由图知：

$$S_{\triangle ABC} > S_{\triangle BGH} + S_{\triangle GCQ} + S_{\triangle AQH}$$

即

$$\frac{1}{2}k^2 \sin 60° > \frac{1}{2}cM \sin 60° + \frac{1}{2}aN \sin 60° + \frac{1}{2}bF \sin 60°.$$

4.6　分类讨论思想

分类讨论思想也叫逻辑划分思想，是依据数学对象本质属性的相同点和差异点，将数学对象划分为不同种类，分别进行研究或求解的一种思想. 米山国藏所言：在解答数学问题时，一般地都能用同一种方法一次处理该问题的全部情形，但有时候必须要分几种情形来讨论. 分情况时要注意：第一，为了区分情形，就要确定一定的标准，按照这个标准，要能分出可能出现的一切情形……第二，处理各种情形的原则是，首先解决最简单的情形，然后，尽力设法把其他情形归结为已解决的简单情形. 因此，分类时，首先，要注意标准一致，即同一性原则：每次划分时，标准只能一个，不能交叉使用几个. 如对三角形的分类，若按角来划分，可分为锐角三角形、直角三角形和钝角三角形；若按边来划分，可分为不等边三角形和等腰三角形，等腰三角形又分为等边三角形和腰和底不相等的等腰三角形. 不能同时既按角分，又按边来分. 其次，要符合合理性原则，即分类讨论时做到不重不漏. 也就是，分类的各个子类的交集为空集，并集为所讨论的对象.

在数学学习中分类讨论占有重要的地位，有概念的分类、性质的分类以及在解题过程中所做的分类，尤其在解数学题中，要注意带有字母参数的方程、不等式及函数的定义域、值域、极值的求解问题，以及方程所表示曲线形状的判定问题等，往往需要分情况讨论，即"化整为零"，各个击破，再"积零为整"，达到解决问题的目的. 分类讨论思想有助于培养学生思维的缜密性，提升学生分析问题和解决问题的能力.

4.6.1 分类讨论思想的应用举例

4.6.1.1 含参数的不等式问题

例 1 解关于 x 的不等式：$mx^2 - 3(m+1)x + 9 > 0$.

分析 首先，考虑 m 是否为零，其决定着不等式的次数；其次，若为一元二次不等式，m 决定其对应抛物线开口的方向，进而影响不等式解的取值范围.

解 第一次分类：

当 $m = 0$ 时，不等式变为 $-3x + 9 > 0$，所以不等式的解集为 $\{x \mid x < 3\}$.

当 $m \neq 0$ 时，

$$\Delta = 9(m+1)^2 - 36m = 9(m-1)^2 \geqslant 0,$$

所以

$$x = \frac{3(m+1) \pm \sqrt{\Delta}}{2m} = \frac{3(m+1) \pm 3|m-1|}{2m} = \frac{3(m+1) \pm 3(1-m)}{2m},$$

所以 $x_1 = \dfrac{3}{m}$，$x_2 = 3$.

第二次分类：讨论一元二次方程 $mx^2 - 3(m+1)x + 9 = 0$ 的根的大小.

① 当 $m < 0$ 时，抛物线开口向下，其对应的不等式的解集为 $\left\{x \mid \dfrac{3}{m} < x < 3\right\}$；

② 当 $0 < m < 1$ 时，抛物线开口向上，其对应的不等式的解集为

$$\left\{ x \mid x < 3 \text{ 或 } x > \frac{3}{m} \right\};$$

③ 当 $m \geq 1$ 时，抛物线开口向上，其对应的不等式的解集为 $\left\{ x \mid x > 3 \text{ 或 } x < \frac{3}{m} \right\}.$

例 2　解关于 x 的不等式 $\dfrac{x-a}{x-a^2} < 0 \ (a \in \mathbf{R}).$

分析　原不等式等价于 $(x-a)(x-a^2) < 0$，而方程 $(x-a)(x-a^2) = 0$ 的两个根容易求出，即为 $x_1 = a, x_2 = a^2$，关键是对两个根的大小进行讨论. 由 $a = a^2$ 得 $a = 0$ 或 $a = 1$，可知把数轴分成三个区间 $(1, +\infty)(0,1)(-\infty, 0)$ 及两点 $a = 0, a = 1.$

解　（1）当 $a < 0$ 时，$a < a^2$，原不等式的解集为 $\{ x \mid a < x < a^2 \}$；

（2）当 $a = 0$ 时，$a = a^2$，原不等式的解集为 $\varnothing$；

（3）当 $0 < a < 1$ 时，$a > a^2$，原不等式的解集为 $\{ x \mid a^2 < x < a \}$；

（4）当 $a = 1$ 时，$a = a^2$，原不等式的解集为 $\varnothing$；

（5）当 $a > 1$ 时，$a^2 > a$，原不等式的解集为 $\{ x \mid a < x < a^2 \}.$

综上所述，当 $a < 0$ 或 $a > 1$ 时，原不等式的解集为 $\{ x \mid a < x < a^2 \}$；

当 $a = 0$ 或 $a = 1$ 时，原不等式的解集为 $\varnothing$；

当 $0 < a < 1$ 时，原不等式的解集为 $\{ x \mid a^2 < x < a \}.$

例 3　解含参数 a 的不等式：$\sqrt{a^2 - 2x^2} > x + a.$

分析　首先，要保证不等式有意义，x 须满足 $a^2 - 2x^2 \geq 0$，即 $|x| \leq \dfrac{\sqrt{2}}{2} |a|$，要求解 x 的取值范围，需去掉绝对值，因此，要对 $a > 0, a = 0, a < 0$ 三种情况分别进行讨论；其次，要解此不等式，$x + a$ 的取值范围是关键，对 $x + a < 0$，$x + a = 0, x + a > 0$ 进行讨论；最后，"积零为整"，概括不等式的解集情况.

解　（1）当 $a > 0$ 时，x 的允许值为 $a^2 - 2x^2 \geq 0$，即 $-\dfrac{\sqrt{2}}{2} a \leq x \leq \dfrac{\sqrt{2}}{2} a.$

① 若 $x + a \leq 0$，即 $x \leq -a$，故无解.

② 若 $x + a > 0$ 时，即 $x > -a$，对 $\sqrt{a^2 - 2x^2} > x + a$ 两边平方得

$$a^2 - 2x^2 > x^2 + 2ax + a^2,$$

即

$$3x^2 + 2ax < 0.$$

解之得 $-\dfrac{2}{3} a < x < 0.$ 所以当 $a > 0$ 时，结合 $-\dfrac{\sqrt{2}}{2} a \leq x \leq \dfrac{\sqrt{2}}{2} a$，可知原不等式的解集为 $\left\{ x \mid -\dfrac{2}{3} a < x < 0 \right\}.$

（2）当 $a=0$ 时，$\sqrt{-2x^2}>x$ 无解.

（3）当 $a<0$ 时，x 的允许值为 $\frac{\sqrt{2}}{2}a\leqslant x\leqslant-\frac{\sqrt{2}}{2}a$.

① 若 $x+a\leqslant0$ 时，即 $x\leqslant-a$,

所以解集为 $\left\{x\mid\frac{\sqrt{2}}{2}a\leqslant x\leqslant-\frac{\sqrt{2}}{2}a\right\}$.

② 若 $x+a>0$，即 $x>-a$，无解.

所以当 $a<0$ 时，原不等式的解集为 $\left\{x\mid\frac{\sqrt{2}}{2}a\leqslant x\leqslant-\frac{\sqrt{2}}{2}a\right\}$.

综上所述，当 $a>0$ 时，原不等式的解集为 $\left\{x\mid-\frac{2}{3}a<x<0\right\}$;

当 $a=0$ 时，无解；

当 $a<0$ 时，原不等式的解集为 $\left\{x\mid\frac{\sqrt{2}}{2}a\leqslant x\leqslant-\frac{\sqrt{2}}{2}a\right\}$.

例 4　解不等式：$\sqrt{3\log_a x-2}<2\log_a x-1\ (a>0,a\neq1)$.

分析　先考虑使不等式成立的 x 的取值范围，再解相关的不等式.

解　原不等式等价于：

$$\begin{cases}3\log_a x-2\geqslant0, & ① \\ 3\log_a x-2<(2\log_a x-1)^2, & ② \\ 2\log_a x-1>0. & ③\end{cases}$$

由①得 $\log_a x\geqslant\frac{2}{3}$.

由②得

$$4\log_a^2 x-7\log_a x+3>0,$$

即

$$(\log_a x-1)(4\log_a x-3)>0,$$

所以 $\log_a x<\frac{3}{4}$ 或 $\log_a x>1$.

由③得 $\log_a x>\frac{1}{2}$.

所以 $\frac{2}{3}\leqslant\log_a x<\frac{3}{4}$ 或 $\log_a x>1$.

当 $a>1$ 时，所求的解集为 $\left\{x\mid a^{\frac{2}{3}}\leqslant x<a^{\frac{3}{4}}\right\}\cup\{x\mid x>a\}$;

当 $0<a<1$ 时，所求的解集为 $\left\{x\mid a^{\frac{3}{4}}<x\leqslant a^{\frac{2}{3}}\right\}\bigcup\{x\mid 0<x<a\}$.

4.6.1.2　含参数的函数、方程问题

例 5　设 a 为实数，函数 $f(x)=x^2+|x-a|+1$ $(x\in\mathbf{R})$，试讨论：（1）$f(x)$ 的奇偶性；（2）$f(x)$ 的最小值.

解　（1）当 $a=0$ 时，

$$f(-x)=(-x)^2+|-x|+1=x^2+|x|+1=f(x)，$$

则 $f(x)$ 为偶函数；

当 $a\neq 0$ 时，

$$\begin{cases} f(-a)=a^2+2\mid a\mid+1,\\ f(a)=a^2+1,\\ -f(a)=-a^2-1, \end{cases}$$

则　　　　　　　　　　　　　$f(-a)\neq f(a),\ f(-a)\neq -f(a).$

所以 $f(x)$ 为非奇非偶函数.

（2）① 当 $x\geqslant a$ 时，$f(x)=x^2+x-a+1=\left(x+\dfrac{1}{2}\right)^2+\dfrac{3}{4}-a$.

ⅰ 当 $a\geqslant-\dfrac{1}{2}$ 时，$f(x)_{\min}=f(a)=a^2+1$，

ⅱ 当 $a<-\dfrac{1}{2}$ 时，$f(x)_{\min}=f\left(-\dfrac{1}{2}\right)=\dfrac{3}{4}-a$；

② 当 $x\leqslant a$ 时，$f(x)=x^2+a-x+1=\left(x-\dfrac{1}{2}\right)^2+\dfrac{3}{4}+a$，

ⅰ 当 $a\leqslant\dfrac{1}{2}$ 时，$f(x)_{\min}=f(a)=a^2+1$，

ⅱ 当 $a>\dfrac{1}{2}$ 时，$f(x)_{\min}=f\left(\dfrac{1}{2}\right)=\dfrac{3}{4}+a$.

综上所述，当 $a<-\dfrac{1}{2}$ 时，$f(x)$ 的最小值为 $\dfrac{3}{4}-a$；

当 $-\dfrac{1}{2}\leqslant a\leqslant\dfrac{1}{2}$ 时，$f(x)$ 的最小值为 a^2+1；

当 $a>\dfrac{1}{2}$ 时，$f(x)$ 的最小值为 $\dfrac{3}{4}+a$.

例 6　已知 $a>0$, $a\neq 1$, $b\in\mathbf{R}$, 解关于 x 的方程 $\dfrac{a^x-a^{-x}}{a^x+a^{-x}}=b$.

分析 本例中出现 a, b 两个参数，如何解决，思路尚不清楚，待变形后再定，要具体情况具体分析.

解 将原方程变形：
$$a^x - a^{-x} = b(a^x + a^{-x}),$$
即
$$(1-b)a^{2x} = 1 + b. \qquad ①$$

当 $b = 1$ 时，①式无解，原方程无解；

当 $b \neq 1$ 时，原方程同解于

$$a^{2x} = \frac{1+b}{1-b} \ (a > 0),$$

若 $-1 < b < 1$ 时，则 $\frac{1+b}{1-b} > 0$，得：$x = \frac{1}{2}\log_a \frac{1+b}{1-b}$，

若 $b > 1$ 或 $b \leq -1$ 时，则 $\frac{1+b}{1-b} \leq 0$，此时原方程无解.

因此，当且仅当 $-1 < b < 1$ 时，原方程的解为 $x = \frac{1}{2}\log_a \frac{1+b}{1-b}$.

例 7 当 $a > 1$ 时，求点 $P(0, a)$ 到曲线 $y = \left| \frac{x^2}{2} - 1 \right|$ 的点 $Q(x, y)$ 的距离的最小值.

分析 先根据两点间的距离公式，求出 $|PQ|$ 的值，再讨论 $|PQ|$ 的值的大小情况. 由于影响 $|PQ|$ 的最小值的因素有 a, x，可以先固定 a 对 x 进行研究.

解 $|PQ|^2 = x^2 + (y-a)^2 = x^2 + \left(\left| \frac{x^2}{2} - 1 \right| - a \right)^2.$

（1）当 $0 \leq x^2 < 2$，即 $-\sqrt{2} < x < \sqrt{2}$ 时，有

$$|PQ|^2 = x^2 + \left(-\frac{x^2}{2} + 1 - a \right)^2 = x^2 + \left[1 - \left(-\frac{x^2}{2} + a \right) \right]^2$$

$$= \frac{1}{4}(x^2 + 2a)^2 + (1 - 2a) \ (a > 1),$$

故当 $x = 0$ 时，$|PQ|_{\min} = a - 1$；

（2）当 $x^2 \geq 2$，即 $x \geq \sqrt{2}$ 或 $x \leq -\sqrt{2}$ 时，有

$$|PQ|^2 = x^2 + \left(\frac{x^2}{2} - 1 - a \right)^2 = x^2 + \left[\frac{x^2}{2} - (1 + a) \right]^2$$

$$= x^2 + \frac{x^4}{4} - x^2(1 + a) + (1 + a)^2 = \left(\frac{x^2}{2} \right)^2 - ax^2 + a^2 + 2a + 1$$

$$= \left(\frac{x^2}{2} - a \right)^2 + (2a + 1) = \frac{1}{4}(x^2 - 2a)^2 + (2a + 1),$$

所以当 $x^2 = 2a$ 时，$|PQ|_{\min} = \sqrt{2a+1}$.

（3）比较 $a-1$ 和 $\sqrt{2a+1}$ 的大小.

因为

$$(a-1)^2 - (2a+1) = a(a-4),$$

所以当 $1 < a < 4$ 时，$a-1 < \sqrt{2a+1}$，故 $|PQ|_{\min} = a-1$；

当 $a > 4$ 时，$a-1 > \sqrt{2a+1}$，故 $|PQ|_{\min} = \sqrt{2a+1}$.

例 8　根据 m 的变化，讨论方程 $mx^2 + 2y^2 = m+1$ 所表示的曲线的形状.

解（1）当 $m = 0$ 时，方程可化为 $2y^2 = 1$，即 $y = \pm\dfrac{\sqrt{2}}{2}$，原方程表示两条平行直线；

（2）当 $m = -1$ 时，方程可化为 $-x^2 + 2y^2 = 0$，即 $x = \pm\sqrt{2}y$，原方程表示两条相交直线；

（3）当 $m < -1$ 时，方程可化为 $\dfrac{x^2}{\frac{m+1}{m}} + \dfrac{y^2}{\frac{m+1}{2}} = 1$，$\dfrac{m+1}{m} > 0$，$\dfrac{m+1}{2} < 0$，原方程表示焦点在 x 轴上的双曲线；

（4）当 $-1 < m < 0$ 时，方程可化为 $\dfrac{x^2}{\frac{m+1}{m}} + \dfrac{y^2}{\frac{m+1}{2}} = 1$，$\dfrac{m+1}{m} < 0$，$\dfrac{m+1}{2} > 0$，原方程表示焦点在 y 轴上的双曲线；

（5）当 $0 < m < 2$ 时，方程可化为 $\dfrac{x^2}{\frac{m+1}{m}} + \dfrac{y^2}{\frac{m+1}{2}} = 1$，$\dfrac{m+1}{m} > 0$，$\dfrac{m+1}{2} > 0$ 且 $\dfrac{m+1}{m} > \dfrac{m+1}{2}$，原方程表示焦点在 x 轴上的椭圆；

（6）当 $m = 2$ 时，方程可化为 $x^2 + y^2 = \dfrac{3}{2}$，原方程表示圆心在原点、半径为 $\dfrac{\sqrt{6}}{2}$ 的圆；

（7）当 $m > 2$ 时，方程可化为 $\dfrac{x^2}{\frac{m+1}{m}} + \dfrac{y^2}{\frac{m+1}{2}} = 1$，$\dfrac{m+1}{2} > \dfrac{m+1}{m} > 0$，原方程表示焦点在 y 轴上的椭圆.

例 9　已知 $\{a_n\}$ 是由非负整数组成的数列，且满足 $a_1 = 0$，$a_2 = 3$，$a_{n+1}a_n = (a_{n-1}+2)(a_{n-2}+2)$ $(n = 3, 4, 5, \cdots)$，S_n 为前 n 项和.

（1）求 a_3 ;

（2）证明：$a_n = a_{n-2} + 2$ $(n = 3,4,5,\cdots)$;

（3）求通项公式.

分析 $a_3 a_4 = 10$, 且 a_3, a_4 为非负整数, 所以 a_3 的可能值为 $1,2,5,10$, 由此入手, 解出 a_4 , 判断 a_5 是否为非负整数.

解 （1）由 $a_3 a_4 = 10$, 又 $a_3 \in \mathbf{N}^+$, 则 a_3 的可能值为 $1,2,5,10$.

① 当 $a_3 = 1$ 时, $a_4 = 10$, 由 $a_4 a_5 = 15$, 得 $a_5 = \dfrac{3}{2} \notin \mathbf{N}^+$;

② 当 $a_3 = 2$ 时, $a_4 = 5$, 由 $a_4 a_5 = 20$, 得 $a_5 = 4 \in \mathbf{N}^+$;

③ 当 $a_3 = 5$ 时, $a_4 = 2$, 由 $a_4 a_5 = 35$, 得 $a_5 = \dfrac{35}{2} \notin \mathbf{N}^+$;

④ 当 $a_3 = 10$ 时, $a_4 = 1$, 由 $a_4 a_5 = 60$, 得 $a_5 = 60$, 又 $a_5 a_6 = 36$, 则 $a_6 = \dfrac{23}{5} \notin \mathbf{N}^+$,

所以 $a_3 = 2$.

例 10 在复数集 **C** 中解方程 $z^2 + 2|z| = a$.

解 因为

$$z^2 = a - 2|z| \in \mathbf{R} ,$$

所以 z 为实数或纯虚数.

（1）若 z 为实数, 则原方程化为

$$z^2 + 2|z| - a = 0 ,$$

所以 $z = \pm(-1 + \sqrt{1+a})$ $(a \geqslant 0)$.

（2）若 z 为纯虚数, 设 $z = y\mathrm{i}$ $(y \in \mathbf{R}$ 且 $y \neq 0)$, 则原方程化为

$$|y|^2 - 2|y| + a = 0.$$

所以, 当 $a = 0$ 时, $|y| = 2$, 即 $z = \pm 2\mathrm{i}$;

当 $0 < a \leqslant 1$ 时, $|y| = 1 \pm \sqrt{1-a}$, 所以 $z = (-1 + \sqrt{1-a})\mathrm{i}$ 或 $z = (-1 - \sqrt{1-a})\mathrm{i}$;

当 $a > 1$ 时, 方程无实数解, 即此时方程无纯虚数解.

4.6.1.3 排列组合中的问题

排列组合问题集中体现了分类讨论思想, 如加法原理本质上就是运用分类讨论思想解决计数问题的.

例 11 5 名学生站成一排, 要求甲站第一位或乙站第二位, 有多少种不同的站法?

分析 学生 1：将符合条件的站法分为两类：① 甲站第一位, 有 P_4^4 种站法；② 乙站第二位, 也有 P_4^4 种站法；故共有 $2\mathrm{P}_4^4$ 种不同的站法.

此解法的错误是分类的子类相容，不满足合理性原则，①、②中都含有"甲站第一位且乙站第二位"的站法，正确的答案是 $2P_4^4 - P_3^3$ 种站法.

学生 2：将符合条件的站法分为两类：① 甲站第一位，乙不站第二位，有 $3P_3^3$ 种站法；② 乙站第二位，甲不站第一位，也有 $3P_3^3$ 种站法；故共有 $6P_3^3$ 种不同的站法.

此解法的错误是"遗漏"，两部分都不包含"甲站第一位，且乙站第二位"的站法，正确的答案应为：$6P_3^3 + P_3^3$ 种站法.

例 12　用 5 种不同颜色给下图所示的 A,B,C,D 四个区域涂色，要求相邻区域（即有公共边）涂不同颜色，问有多少种不同的涂色方法？

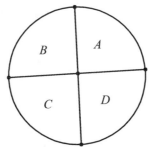

分析　若考虑各区域的颜色种数：A 区有 5 种，B 区有 4 种，C 区有 4 种，D 区无法确定，其原因是 A 区和 C 区不相邻，可以同色，也可以异色，A 区和 C 区的涂色影响 D 区的选色种类. 故可以按 A 区和 C 区是否同色的标准来分类.

解　所有符合条件的涂色方法分为两类：

① A 区和 C 区同色，此时 A,B,C,D 四个区域涂色种数分别为 5, 4, 1, 4，故有 $5 \times 4 \times 1 \times 4 = 80$ 种涂法；

② A 区和 C 区异色，此时 A,B,C,D 四个区域涂色种数分别为 5, 3, 4, 3，故有 $5 \times 3 \times 4 \times 3 = 180$ 种涂法.

4.6.1.4　运用抽屉原理解决的有关问题

抽屉原理解决问题的步骤：

（1）首先要清楚哪些元素需要分类；

（2）分成几个集合（抽屉）；

（3）构造抽屉（关键）；

（4）运用抽屉原则，得出结论.

分成几个抽屉实质上是对讨论的对象进行分类，分类的标准就是构造的抽屉.

例 13 在边长为 1 的正方形内任给 5 个点，求证一定有两点，其距离不大于 $\dfrac{\sqrt{2}}{2}$.

分析 5 个点中找满足条件的两个点，可把正方形分割成 4 个抽屉，证明至少有一个抽屉，包含距离不超过 $\dfrac{\sqrt{2}}{2}$ 的两点. 若把正方形沿对角线划分为四个抽屉，虽然满足分类的标准，但无法证明结论，说明分类是无效的；若以正方形两对边的中点的连线划分为四个抽屉，问题能够解决.

证明 连接正方形两对边的中点，把正方形分成四个大小相等、边长为 $\dfrac{1}{2}$ 的小正方形，则将 5 个点放置于四个小正方形内. 据抽屉原则，必有一个正方形内包含两个或两个以上的点，此两点的距离不会超过小正方形对角线的长度 $\dfrac{\sqrt{2}}{2}$.

例 14 在坐标平面上，两个坐标都是正整数的点，称为整点. 任给 5 个整点，证明其中必有两点，使得它们的连线的中点也是整点.

分析 确定分类的对象：5 个整点，要找两个整点，分 4 个抽屉；构造抽屉，即（奇、奇），（偶、偶），（奇、偶），（偶、奇），也就是把 5 个整点分成 4 类，至少有两个整点属于同一类型.

由于 $(x_1,y_1),(x_2,y_2)$ 是整点，则其连线的中线 $\left(\dfrac{x_1+x_2}{2},\dfrac{y_1+y_2}{2}\right)$ 也为整点，即只需 x_1+x_2,y_1+y_2 均为偶数，且 x_1 与 x_2,y_1 与 y_2 有相同的奇偶性即可.

另析 考虑 5 个整点的横坐标，分为 2 个抽屉，抽屉为奇、偶，也就是 5 个整点的横坐标，按照奇偶性的标准分类，至少有 3 个整数有相同的奇偶性. 不妨设 x_1,x_2,x_3，其相应的纵坐标再次使用抽屉原则，至少有两个有相同的奇偶性也可以解决问题.

由此可以看出，在同一过程中，必须使用同一分类标准，不过标准并不唯一，这样都可以达到简化问题的目的.

4.6.2　简化回避分类讨论的技巧

分类讨论在解题中的作用是显而易见的，然而，分类讨论的过程一般都比较冗长，同时容易在完备性和纯粹性方面出现失误，因此，有必要研究简化或者回避分类讨论的技巧，避免形成思维定式.

例 15　关于 x 的不等式 $|x+2|-|x-2|>a$ 的解集是 $\varnothing$，求 a 的范围.

分析　分情况来讨论去绝对值符号，显然繁杂，因此，将求证的命题等价转化为求证 $|x+2|-|x-2|\leqslant a$ 恒成立. 因为

$$|x+2|-|x-2|\leqslant |x+2-(x-2)|=4,$$

所以 $a\geqslant 4$.

例 16　若抛物线 $y=(m-2)x^2-4mx+2m-6$ 与 x 轴有两个不同的交点且至少有一交点在 x 轴的负半轴上，求实数的取值范围.

分析　"至少有一个"，即"有一个"或"有两个"，而反面情形仅"没有一个"，无须讨论. 另外，抛物线开口方向可上、可下，转化为二次方程的根的问题可避免讨论.

解　要二次方程 $(m-2)x^2-4mx+2m-6=0$ 有两个根，就要

$$\begin{cases}\Delta>0,\\ m-2\neq 0.\end{cases}$$

解得：$m<-6$ 或 $1<m<2$ 或 $m>2$.

反面情况是两个根 x_1，x_2 全不为负，即

$$\begin{cases}x_1+x_2>0,\\ x_1x_2\geqslant 0.\end{cases}$$

即

$$\begin{cases}\dfrac{4m}{m-2}>0,\\[2mm] \dfrac{2m-6}{m-2}\geqslant 0.\end{cases}$$

则

$$\begin{cases}m<0 \text{ 或 } m>2\\ m\leqslant 2 \text{ 或 } m\geqslant 3\end{cases},$$

所以 $m<0$ 或 $m\geqslant 3$. 从而至少有一根为负的 m 的取值范围为 $1<m<2$ 或 $2<m<3$.

总之，为了避免分类讨论，可以对原有命题进行变形，即通过消除参数、寻找其直观图形、等价转化、逆向思维等方式，来拓展思路，简化要解决的问题. 对于什么情况下需要分类讨论，应视具体问题而定，但可以在不断的学习和解题过程中总结经验，把握何时分类、如何分类.

4.7　合情推理思想

4.7.1　演绎推理和合情推理

推理是从一个判断或几个已知判断推出一个新判断的思维形式，推理由前提（所依据的判断）和结论（新判断）组成，判断是推理的构成要素. 根据前提和结论之间的真实关系，推理可以分为演绎推理和合情推理.

演绎推理是根据已有的事实和正确的结论（包括定义、公式、公理、定理等），按照严格的逻辑法则得到新结论的推理过程，是从一般原理推出个别结论的推理，是一种必然性的推理，其真实性毫无疑问. 主要体现为三段论，即大前提、小前提和结论. 如几何中根据已知条件、公理、定理、定义等推断出命题成立.

合情推理一词来自 Plausible Reasoning，又译为似真推理，是一种合乎情理的、似真的推理，是根据已有的数学事实和正确的数学结论、实验和实践的结果，以及个人的经验和直观等进行推测而得到某些结果的一种推理，常表现为凭直观和联想、直观或直觉等非逻辑思维形式，通过观察、实验、归纳、类比、特殊和一般等方法直接获得某种数学结论.

在解决问题的过程中，演绎推理侧重于求解和论证，对训练技能、技巧等有重要的作用，而合情推理不像演绎推理那样严谨，它具有猜测和发现结论、探索和提供思路的作用. 合情推理和演绎推理之间联系紧密，相辅相成. 正如波利亚所说："数学家的创造性工作的结果是论证推理，是一个证明，但证明是通过合情推理和猜想发现的."

演绎推理和合情推理的主要区别：① 推理形式. 演绎推理是从一般到特殊的推理；合情推理是从特殊到一般、从部分到整体的推理. ② 推理的结论. 演绎推理的结论在大前提、小前提和推理逻辑形式都正确的情况下得出的，得到的结论一定正确. 合情推理的结论是似真，可能正确，也可能错误. ③ 演绎推理是证明结论的推理，主要提高逻辑证明的能力；合情推理有利于创新意识的培养，合情推理已成为现代数学教育关注的焦点.

4.7.2　合情推理的主要形式

4.7.2.1　归纳推理

1. 归纳推理的概念

归纳推理是由特殊到一般的推理，归纳的逻辑结构为：

设 $M_i(i=1,2,\cdots,n)$ 是要研究或讨论对象 M 的特例或子集，若 $M_i(i=1,2,\cdots,n)$ 具有性质 P，由此猜想 M 也具有性质 P.

根据考察的对象范围是涉及了某类事物的一部分还是全体，可把数学中运用的归纳法分为两种类型：不完全归纳法与完全归纳法.

（1）完全归纳法是在所研究事物的一切特殊情况所得结论的基础上，得出有关事物的一般性结论的方法. 即考察事物的各种情形或每个对象之后得出有关事物的结论. 只要考察的各种情况或每个对象得出的结论是真实的，则最后所得结论也必定是真实的. 完全归纳法是可靠的，归纳时要注意不重不漏. 其逻辑结构为：

要证明 $A \Rightarrow B$

方法：作一个划分 $A \Leftrightarrow A_1,A_2,A_3,\cdots,A_n$

用演绎法证明：$A_1 \Rightarrow B$

用演绎法证明：$A_2 \Rightarrow B$

………

用演绎法证明：$A_n \Rightarrow B$

作归纳推理，得出 $A \Rightarrow B$

完全归纳法分为穷举归纳法和类分归纳法. 穷举归纳法是对具有有限个对象的某类事物进行研究时，将其所有对象的属性分别讨论，当肯定了它们都有某一属性，从而得到这类事物也有这一属性的一般结论的归纳方法. 如圆周角定理（圆心在圆周角内、圆周角外、圆周角的一条射线上）. 类分归纳法是指研究的对象是无限的，但可以分为有限类，对每一类分别证明，如果每一类得证，则结论就得证的归纳方法. 如三角形的高线共点，分为直角三角形、锐角三角形和钝角三角形.

（2）不完全归纳法是指在研究事物的某些特殊情况所得结论的基础上，得出有关事物的一般性结论的推理方法. 从逻辑观点上看，不完全归纳法是根据某类事物的部分对象具有某种属性，而推出该类事物的全部对象都具有这种属性的一般性结论的一种归纳推理.

推理模式：

S_1 具有（或不具有）P

S_2 具有（或不具有）P

………

S_k 具有（或不具有）P

$S_1,S_2,\cdots,S_k$ 是 A 事物的部分对象

结论：A 具有（或不具有）P

著名的数学家华罗庚先生 1962 年在首都剧场给中学生做报告时曾讲过一个故事：一只公鸡被一位买主买回了家，第一天主人喂了公鸡一把米，第二天主人又喂了公鸡一把米，第三天主人也喂了公鸡一把米，……连续十天主人每天都喂公鸡一把米. 公鸡有了十天的经验，就下结论说：主人一定每天都喂它一把米，但是就在它得出这个结论不久，主人家里来了一位贵客，公鸡就被杀了炖了. 这种方法就是公鸡归纳法——不完全归纳法. 不完全归纳法是似真推理，得出的结论可真可假.

通常情况下所说的归纳法指不完全归纳法，属于合情推理，如高斯指出："他的许多定理都是靠归纳发现的，证明只是一个补行的手续"以及拉普拉斯所说："甚至在数学里，发现真理的方法也是归纳和类比".

2. 归纳推理的应用

归纳推理是从经验事实中找出普遍特征的认识方法，也是一种提出假设的方法，它有发现知识和探索真理的作用. 如哥德巴赫猜想、费尔马大定理、欧拉定理等. 在数学问题解决过程中探索问题的结论，发现解题途径，然后加以证明，这就为解题提供了思路和方向.

例 1　瑞士数学家欧拉通过实验归纳，猜想凸多面体的面数、顶点数、棱数之间的关系.

分析　对特殊多面体先做试验，试验结果如下：

多面体	面数 F	顶点数 V	棱数 E
四面体	4	4	6
立方体	6	8	12
八面体	8	6	12
五棱柱	7	10	15
三棱柱	5	6	9
三棱锥	4	4	6
四棱台	6	8	12

观察试验结果，猜想 $V+F-E=2$，利用生成法可证明此式成立.

上述例子采用的是先找几个特殊对象进行试验，然后归纳出共性特征，最后提出一种比较合理的猜想的推理方法，这种归纳法称为枚举归纳法.

例 2　已知 $x_1=a$，$a \neq 0$，$x_n = \dfrac{3x_{n-1}}{x_{n-1}+3}$（$n \geqslant 2$），求 x_{2017} 的值.

分析　先找几个特殊对象进行试验：

$$x_2 = \frac{3a}{a+3};$$

$$x_3 = \frac{3x_2}{x_2+3} = \frac{3 \cdot \dfrac{3a}{a+3}}{\dfrac{3a}{a+3}+3} = \frac{9a}{6a+9} = \frac{3a}{2a+3};$$

$$x_4 = \frac{3x_3}{x_3+3} = \frac{3 \cdot \dfrac{3a}{2a+3}}{\dfrac{3a}{2a+3}+3} = \frac{9a}{9a+9} = \frac{3a}{3a+3};$$

可以归纳猜想：$x_n = \dfrac{3a}{(n-1)a+3}$.

可以使用数学归纳法证明其正确性，进而求出 x_{2017} 的值.

例 3　平面上 n 条直线最多能将平面分成多少个平面块？

分析　题目要研究的是最多情况，因而可以假定这 n 条直线中的任意两条都相交，而且任意三条都不交于同一点.

以 $f(n)$ 表示 n 条直线将平面能分成的最多块数.

$f(1) = 2$，这是显然的，一条直线确实将一个平面分成两块.

$f(2) = 4$，比 $f(1)$ 增加了两块.

研究因果关系：当平面内增加一条直线 l_2，l_1 与 l_2 有一个交点，这个交点把 l_2 分成两段，每段都把所在的平面块一分为二，这样就增加了两块，即 $f(2) = f(1) + 2$.

$f(3) = 7$，比 $f(2)$ 增加了 3 块.

研究因果关系：当平面内增加一条直线 l_3，直线 l_3 与 l_1，l_2 分别相交，l_3 被分成 3 段，每段都把所在的平面块一分为二，这样就增加了 3 块，$f(3) = f(2) + 3$.

于是猜想：

一般来说，当添加第 n 条直线时，l_n 被前 $n-1$ 条直线与之相交的 $(n-1)$ 个不同的交点分成 n 段，这 n 段将所在的每个平面块一分为二，从而增加了 n 个平面块. 即有

$$\begin{aligned}
f(n) &= f(n-1) + n \\
&= f(n-2) + (n-1) + n \\
&= f(n-3) + (n-2) + (n-1) + n \\
&= \cdots \\
&= f(1) + 2 + 3 + \cdots + (n-1) + n \\
&= 2 + 2 + 3 + \cdots + (n-1) + n
\end{aligned}$$

$$=1+\frac{(1+n)n}{2}$$

$$=\frac{n^2+n+2}{2}.$$

上述例子采用的是将一类事物中部分对象的因果关系作为判断的前提而做出的一般性结论的推理方法，这种归纳法称为因果归纳法.

4.7.2.2　类比推理

1.类比推理的概念

类比推理是指根据两个（或两类）对象之间具有（或不具有）某些相同或相似的性质，而且已知其中一个（或一类）还具有（或不具有）某一性质，由此推出另一个（或另一类）对象也具有（或不具有）这一性质. 类比推理是从特殊到特殊的推理. 显然，推理依据不够充分，无法保证结论的正确性，是合情推理的一种. 正如开普勒所说："我珍视类比胜于任何别的东西，它是我最可依赖的老师，它能揭示自然界的秘密，尤其在数学中是最不可忽视的.";徐利治先生也说："历史上有贡献的数学家，可以说无一例外的都是善于应用归纳与类比发现真理的能手." 波利亚指出："求解立体几何问题往往依赖于平面几何的类比.""没有这些思路（普遍化、特殊化和类化的通用基本思路），特别是没有类比，在初等或高等数学中也许就不会有发现."

类比的一般推理模式为：

S 对象具有（或不具有）性质 a,b,c,d

S' 对象具有（或不具有）性质 a',b',c'

S' 对象可能具有（或不具有）性质 d'

例如：当学生在学习分数的基础上研究分式时，由于分式与分数都是利用分数线表示分子除以分母的商的形式，因而推断，分式可以同分数一样进行化简和计算. 在学生学习了等差数列的定义、通项、前 n 项和后，研究等比数列的相应性质时，可类比等差数列的研究方法.

2.类比推理的方法

在数学学习和研究中，常用的类比方法有：

（1）平面与空间的类比.

在学习了平面几何后，研究空间图形的有关性质时，可用类比的方法猜想结论. 如一维直线与二维平面进行类比,平面上边数最少的三角形与空间面数最少的四面体进行类比，可以得到很多有趣的结论.

例如：

三角形的两边之和大于第三边；

直角三角形中的勾股定理；

三角形中垂心到三边的距离与三顶点到三边的距离之比：

$$\frac{h_1}{d_1} + \frac{h_2}{d_2} + \frac{h_3}{d_3} = 1;$$

三角形中任一点 $P(A', B', C'$ 为 PA, PB, PC 与对边的交点）：

$$\frac{PA'}{AA'} + \frac{PB'}{BB'} + \frac{PC'}{CC'} = 1;$$

四面体中任三面面积之和大于第四面面积；

直四面体中，底面面积的平方等于其他三侧面面积的平方和；

四面体内任一点到四面的距离与四顶点到所对面的距离：

$$\frac{h_1}{d_1} + \frac{h_2}{d_2} + \frac{h_3}{d_3} + \frac{h_4}{d_4} = 1;$$

四面体中任一点 $P(A', B', C', D'$ 为 PA, PB, PC, PD 与对面的交点）：

$$\frac{PA'}{AA'} + \frac{PB'}{BB'} + \frac{PC'}{CC'} + \frac{PD'}{DD'} = 1.$$

例 4　如图（a），若从点 O 所做的两条射线 OM, ON 上分别取点 M_1, M_2 与 N_1, N_2，则三角形 OM_1N_1 与三角形 OM_2N_2 的面积之比

$$\frac{S_{\triangle OM_1N_1}}{S_{\triangle OM_2N_2}} = \frac{OM_1}{OM_2} \cdot \frac{ON_1}{ON_2}.$$

如图（b），若从点 O 所做的不在同一平面上的三条射线 OP, OQ 和 OR 上，分别取点 P_1、P_2，Q_1、Q_2 和 R_1、R_2，则类似的结论为：_____.

（2002 年上海市春季高考试题）

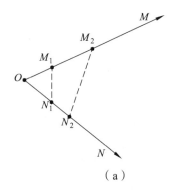

（a）

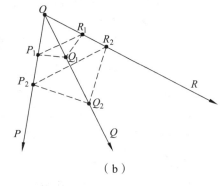

（b）

分析　几何平面类比立体几何. 从图形上看，有点与线（一维直线）、线与面（二维平面）、三角形（平面上边数最少的三角形）与三棱锥（空间面数最少的四面体）进行类比. 于是，大胆猜想三棱锥 $O-P_1Q_1R_1$ 和 $O-P_2Q_2R_2$ 的体积之比

$$\frac{V_{O-P_1Q_1R_1}}{V_{O-P_2Q_2R_2}} = \frac{OP_1}{OP_2} \cdot \frac{OQ_1}{OQ_2} \cdot \frac{OR_1}{OR_2}.$$

证明 连接 P_1Q_1，Q_1R_1，P_1R_1，P_2Q_2，Q_2R_2，P_2R_2，过 R_1，R_2 分别作平面 OPQ 的垂线，垂足为 H_1，H_2，由 O，R_1，R_2 三点共线知，O，H_1，H_2 三点也共线.

又因为 $R_1H_1 \perp$ 平面 OPQ，$R_2H_2 \perp$ 平面 OPQ，

所以 $R_1H_1 // R_2H_2$.

所以 $\triangle OR_1H_1 \backsim \triangle OR_2H_2$

所以 $\dfrac{R_1H_1}{R_2H_2} = \dfrac{OR_1}{OR_2}$.

所以 $\dfrac{V_{O-P_1Q_1R_1}}{V_{O-P_2Q_2R_2}} = \dfrac{\dfrac{1}{3}S_{\triangle OP_1Q_1} \cdot R_1H_1}{\dfrac{1}{3}S_{\triangle OP_2Q_2} \cdot R_2H_2}$

$\qquad\qquad\qquad = \dfrac{\dfrac{1}{2}OP_1 \cdot OQ_1 \cdot \sin\angle P_1OQ_1}{\dfrac{1}{2}OP_2 \cdot OQ_2 \cdot \sin\angle P_2OQ_2} \cdot \dfrac{R_1H_1}{R_2H_2}$

$\qquad\qquad\qquad = \dfrac{OP_1}{OP_2} \cdot \dfrac{OQ_1}{OQ_2} \cdot \dfrac{OR_1}{OR_2}.$

总结：运用类比方法的关键是善于发现不同对象之间的"相似"，它是以两个对象之间的类比为基础的. 波利亚说："两个系统可作类比，如果它们各自的部分之间，在其可以清楚定义的一些关系上一致的话."

（2）特殊与一般，具体与抽象的类比.

多项式与整数之间有类似的性质，整数的运算、运算律及整除关系等内容，均可类比到多项式中. 与整数理论进行类比，可启发我们猜想多项式的有关性质，再进行证明. 这是特殊与一般、具体与抽象的类比.

如：在整数中，若 $(a,b)=1$，则存在 u,v 使

$$au + bv = 1;$$

可以猜想在一元多项式环 $P[x]$ 中，也有类似性质：若 $(f(x),g(x))=1$，则存在 $u(x)$，$v(x)$，使

$$f(x) \cdot u(x) + g(x) \cdot v(x) = 1.$$

再如：若 $a \perp bc$，且 $(a,b)=1$，则 $a \perp c$；可以猜想：对 $(f(x),g(x))=1$，若 $f(x) \perp g(x)h(x)$，则 $f(x) \perp h(x)$.

例 5 在等差数列 $\{a_n\}$ 中，若 $a_{10}=10$，则有等式 $a_1 + a_2 + \cdots + a_n = a_1 + a_2 + \cdots + a_{19-n}$（$n < 19, n \in \mathbf{N}^*$）成立.

类比上述性质，相应地，在等比数列 $\{b_n\}$ 中，若 $b_9 = 1$，则有等式 _____ 成立.（2000 年上海市高考试题）

分析　从更一般的角度来分析等差数列 $\{a_n\}$. 由题设：

如果 $a_k = 0$，那么

$$a_1 + a_2 + \cdots + a_n = a_1 + a_2 + \cdots + a_{2k-1-n} \quad (n < 2k-1, n \in \mathbf{N}^*)$$

成立.

又，对于等差数列 $\{a_n\}$，则有

$$a_k + a_n = a_p + a_q.$$

类比：等比数列 $\{b_n\}$ 中，则

$$b_n b_k = b_p b_q \quad (k+n = p+q，其中 k, n, p, q \in \mathbf{N}^*)$$

于是新的结论：如果 $b_k = 1$，则有等式

$$b_1 b_2 \cdots b_n = b_1 b_2 \cdots b_{2k-1-n} \quad (n < 2k-1, n \in \mathbf{N}^*)$$

成立.

当 $k = 9$ 时，于是有

$$b_1 b_2 \cdots b_n = b_1 b_2 \cdots b_{17-n} \quad (n < 17, n \in \mathbf{N}^*).$$

此题主要考查观察分析能力和抽象概括能力. 即运用类比的思想方法由等差数列 $\{a_n\}$ 得到等比数列 $\{b_n\}$ 的新的一般性结论. 根据等差数列的定义不难得到等差数列的性质：

（1）$a_1 + a_n = a_2 + a_{n-1} = \cdots = a_r + a_{n-r+1}$.

（2）$a_n = a_m + (n-m)d$.

（3）若 $m+n = p+q$，则 $a_n + a_m = a_p + a_q$.

（4）若项数为奇数 $2m-1$ $(m \in \mathbf{N}^*)$，则 $S_奇 - S_偶 = a_m$；

　　　若项数为偶数 $2m$ $(m \in \mathbf{N}^*)$，则 $S_偶 - S_奇 = md$.

（5）若等差数列共有 $3n$ 项，其前 n 项和为 A，次 n 项和为 B，末 n 项和为 C，则 $A + C = 2B$.

类比：等比数列相应的五条性质：

（1）$a_1 \cdot a_n = a_2 \cdot a_{n-1} = \cdots = a_r \cdot a_{n-r+1}$.

（2）$a_n = a_m \cdot q^{n-m}$.

（3）若 $m+n = p+q$，则 $a_n \cdot a_m = a_p + a_q$.

（4）若项数为奇数 $2m-1$ $(m \in \mathbf{N}^*)$，则 $\dfrac{p_奇}{p_偶} = a_m$；

　　　若项数为偶数 $2m$ $(m \in \mathbf{N}^*)$，则 $\dfrac{p_偶}{p_奇} = q^m$（其中 $p_奇$ 表示项数为奇数的项

的积).

（5）若等比数列共有 $3n$ 项，其前 n 项和为 A，次 n 项和为 B，末 n 项和为 C，则 $A \cdot C = B^2$.

运用类比方法的关键是善于发现不同对象之间的相似，这也是两个对象之间能够类比的基础.

（3）有限与无限的类比.

数学中也经常通过有限与无限的类比对无限性对象进行研究.

圆可看作圆内接正多边形的边数趋于无穷时的极限情况，因此通过类比，可由多边形的性质联想到圆的有关性质.

例如：由 $S_{\triangle} = \dfrac{1}{2}(底×高)$ 得出圆内接正多边形的面职 $S = \dfrac{1}{2}(周长×边心距)$，即

$$S = \frac{1}{2}CR = \frac{1}{2}(2\pi R)R = \pi R^2.$$

对于任意多个数 $a_1, a_2, \cdots, a_n$ 来说，其和 $a_1 + a_2 + \cdots + a_n$ 为确定的数，因此也可考虑无穷求和问题，即 $a_1 + a_2 + \cdots + a_n + \cdots$ 级数的研究.

例如：类比 $|a_1 + a_2 + \cdots + a_n| \leqslant |a_1| + |a_2| + \cdots + |a_n|$，得出 $\left| \sum\limits_{i=1}^{\infty} a_i \right| \leqslant \sum\limits_{i=1}^{\infty} |a_i|$.

定积分也可看作一种无穷，即 $\left| \int_a^b f(x)\mathrm{d}x \right| \leqslant \int_a^b |f(x)|\mathrm{d}x \ (a < b)$. 著名数学家欧拉对于 $\sum\limits_{n=1}^{\infty} \dfrac{1}{n^2}$ 的计算，可看作成功应用有限与无限类比的典型例子. 今天对于学过微积分的人来说，计算 $\sum\limits_{n=1}^{\infty} \dfrac{1}{n^2}$ 已不会有什么问题，但对于古代数学家来说，却是另一种情况. 伯努利是 17 世纪的数学家，是古典概率的创始人，尽管他在古典微积分和级数求和方面有很深的造诣，但对此级数的求和却一筹莫展，最后公开征求答案. 如何出现平方的倒数呢？即反平方级数：

$$1 + \frac{1}{4} + \frac{1}{9} + \frac{1}{16} + \cdots + \frac{1}{n^2} + \cdots \qquad\qquad ①$$

的求和. 这个问题引起了数学家欧拉的注意，他采用了各种不同的方法来估计这个无穷级数的和，但他对自己所用的方法总不满意. 最后，欧拉大胆而巧妙地使用了类比方法，终于找到了求级数①之和的一个好方法.

首先，欧拉联想到 $\sin x$ 的展开式，即

$$\sin x = x - \frac{x^3}{3!} + \frac{x^5}{5!} - \frac{x^7}{7!} + \cdots.$$

欧拉把等式的右边看作无限次的代数多项式，他联想到若 $x_1, x_2, \cdots, x_n$ 是 n 次方程 $a_n x^n + a_{n-1} x^{n-1} + \cdots + a_1 x + a_0 = 0$ 的不为零的根 $(a_n \neq 0, a_0 \neq 0)$，由代数知识可知，方程左边的多项式为

$$a_n x^n + a_{n-1} x^{n-1} + \cdots + a_1 x + a_0 = a_n(x - x_1)(x - x_2) \cdots (x - x_n)$$
$$= a_0 \left(1 - \frac{x}{x_1}\right)\left(1 - \frac{x}{x_2}\right) \cdots \left(1 - \frac{x}{x_n}\right).$$

其次，做特殊性处理，考虑 $2n$ 次方程. 设 $(-1)^n b_n y^{2n} + (-1)^{n-1} b_{n-1} y^{2(n-1)} + \cdots - b_1 y^2 + b_0 = 0$ 有 $2n$ 个互不相同的根 $\pm y_1, \pm y_2, \cdots, \pm y_n$，则

$$(-1)^n b_n y^{2n} + (-1)^{n-1} b_{n-1} y^{2(n-1)} + \cdots - b_1 y^2 + b_0$$
$$= b_0 \left(1 - \frac{y^2}{y_1^2}\right)\left(1 - \frac{y^2}{y_2^2}\right) \cdots \left(1 - \frac{y^2}{y_n^2}\right) \cdots \quad (b_0 \neq 0),$$

比较等式两边 y^2 的系数，得

$$b_1 = b_0 \left(\frac{1}{y_1^2} + \frac{1}{y_2^2} + \cdots + \frac{1}{y_n^2}\right).$$

欧拉把上述方程、多项式的考虑类比到无限次方程上.

最后，考虑 $\dfrac{\sin x}{x} = 0$ 的情形. 由于 $\sin x = 0$ 的根为 $\pm\pi, \pm 2\pi, \pm 3\pi, \cdots$，因而联想到 $\dfrac{\sin x}{x}$ 也可以表示为乘积的形式. 即

$$\frac{\sin x}{x} = 1 - \frac{x^2}{3!} + \frac{x^4}{5!} + \frac{x^6}{7!} + \cdots = \left(1 - \frac{x^2}{\pi^2}\right)\left(1 - \frac{x^2}{4\pi^2}\right)\left(1 - \frac{x^2}{9\pi^2}\right)\cdots.$$

比较 x^2 的系数得

$$\frac{1}{\pi^2} + \frac{1}{4\pi^2} + \frac{1}{9\pi^2} + \cdots = \frac{1}{3!}.$$

两边同乘以 π^2 得

$$1 + \frac{1}{4} + \frac{1}{9} + \frac{1}{16} + \cdots + \frac{1}{n^2} + \cdots = \frac{\pi^2}{6}.$$

通过类比得到的结论只能作为一种猜想，欧拉对此也抱有疑虑，但欧拉发现，$\dfrac{\pi^2}{6}$ 作为此级数的和，与从前估算的结果包括小数点后最末一位数字都一致. 为了检验这一猜想的可靠性，欧拉又用同样的方法求得了莱布尼兹级数的和.

考察方程：$1 - \sin x = 0$.

把它看成一个"无穷次方程"，它的根为 $\dfrac{\pi}{2},-\dfrac{3\pi}{2},\dfrac{5\pi}{2},-\dfrac{9\pi}{2},-\dfrac{11\pi}{2},\cdots$，由于这些根都应被看成重根（曲线 $y=\sin x$ 在这些横坐标处并非与直线 $y=1$ 相交，而是相切），因此依上述的类比有：

$$1-\sin x=\left(1-\frac{2x}{\pi}\right)^2\left(1+\frac{2x}{3\pi}\right)^2\left(1-\frac{2x}{5\pi}\right)^2\left(1+\frac{2x}{7\pi}\right)^2\cdots.$$

又

$$1-\sin x=1-\frac{x}{1}+\frac{x^3}{1\cdot2\cdot3}-\frac{x^5}{1\cdot2\cdot3\cdot4\cdot5}+\cdots,$$

比较两式的 x 项的系数，有：

$$-1=-\frac{4}{\pi}+\frac{4}{3\pi}-\frac{4}{5\pi}+\frac{4}{7\pi}-\cdots,$$

即

$$\frac{\pi}{4}=1-\frac{1}{3}+\frac{1}{5}-\frac{1}{7}+\frac{1}{9}-\frac{1}{11}+\cdots.$$

从而，欧拉指出："这对我们那个被认为还有某些不够可靠之处的方法，现在可充分予以肯定了，因此我们对于用同样方法导出的其他一切结果也不应怀疑".

　　需要指出的是，欧拉在此用到的是从有限到无限的类比联想，有时会出错，然而他正好遇到了级数的无穷乘积都是绝对收敛的. 在对有限与无限进行类比时，特别要注意研究对象的特性，否则会造成错误. 如对有限个数的和，可随意按序加括号，但用到无限和上就会出问题. 如：

$$1-1+1-1+\cdots+(-1)^{n-1}+\cdots$$

为发散级数，若变为

$$(1-1)+(1-1)+\cdots,$$

则为收敛级数；若按另一种方式加括号

$$1-(1-1)-(-1)-\cdots-(1-1)\cdots,$$

将变为另一个收敛级数.

　　（4）生疏与熟悉的类比.

　　当我们面临一个比较生疏的问题时，往往可以联想一个比较熟悉的问题并将之作为类比对象，因为熟悉问题的解决途径和方法常可以启发我们找出生疏问题的解决途径和方法. 正如康德所说："每当理解缺乏可靠论证的思路时，类比这个方法往往能指引我们前进."

　　例 6　已知命题："若数列 $\{a_n\}$ 为等差数列，且 $a_m=a$，$a_n=b$ $(m\neq n,m,n\in\mathbf{N}^+)$，则 $a_{n+m}=\dfrac{b\cdot n-a\cdot m}{n-m}$." 现已知数列 $\{b_n\}$ $(b_n>0,n\in\mathbf{N}^+)$ 为等比数

列，且 $b_m = a, b_n = b, (m \neq n, m, n \in \mathbf{N}^+)$，若类比上述结论，则可得到 $b_{m+n} = \sqrt[n-m]{\dfrac{b^n}{a^m}}$.

分析　对等差数列 $\{a_n\}$ 与等比数列 $\{b_n\}$ 进行类比，由等差数列的性质得：

$$d = \frac{b-a}{n-m},$$

所以

$$a_{m+n} = \frac{b \cdot n - a \cdot m}{n-m}.$$

同样，由等比数列的性质得：$b_{m+n} = \sqrt[n-m]{\dfrac{b^n}{a^m}}$.

由此可以看出，等差数列与等比数列的类比实际上是"运算法则"的比较，即等差数列中的"和、差、积、商"与等比数列中的"积、商、幂、开方"一一对应. 即等差数列中"$b \cdot n, a \cdot m$"在等比数列中要变为"b^n, a^m"；"$b \cdot n - a \cdot m$"要变成"$\dfrac{b^n}{a^m}$". 所以 $a_{n+m} = \dfrac{b \cdot n - a \cdot m}{n-m}$ 类比为 $b_{n+m} = \sqrt[n-m]{\dfrac{b^n}{a^m}}$.

例 7　从一块边长为 a 的正方形铁皮的四角截去同样大小的小正方形，然后按虚线把四边折起来做成一个无盖的铁盒，要使铁盒的容积最大，小正方形的边长 x 应取多少？

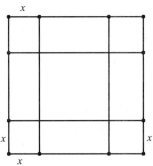

解　如图所示，

$$V = x(a-2x)^2 = \frac{4x}{4}(a-2x)^2$$
$$= \frac{1}{4}(a-2x)(a-2x) \cdot 4x \quad \left(0 < x < \frac{a}{2}\right).$$

因为 $a-2x > 0$，$4x > 0$，所以

$$(a-2x) + (a-2x) + 4x = 2a \ (\text{常数}).$$

所以

$$V = \frac{1}{4}(a-2x)(a-2x) \cdot 4x \leqslant \frac{1}{4} \cdot \left(\frac{2a}{3}\right)^3 = \frac{2a^3}{27}.$$

当 $a-2x = 4x$ 时，取等号，即当 $x = \frac{a}{6}$ 时，$V_{max} = \frac{2a^3}{27}$.

类比 1　[将上题的"正方形"变为"正三角形"]

从一块边长为 a 的正三角形铁皮的三个角截去同样大小的四边形，然后按虚线把 3 边折起来做成一个无盖的铁盒，要使铁盒的容积最大，x 应取多少？

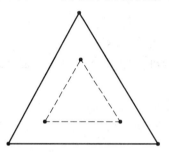

解　被截去的四边形的一边长为 x，那么另一边长即为铁盒的高：

$h = x \cdot \tan 30° = \frac{\sqrt{3}}{3}x$，则无盖铁盒的容积为

$$V = h \cdot s = \frac{\sqrt{3}}{3}x \cdot \frac{1}{2}(a-2x)^2 \sin 60° = \frac{1}{4}x(a-2x)^2$$

$$= \frac{1}{4} \cdot \frac{1}{4}(a-2x)^2 \cdot 4x \quad \left(0 < x < \frac{a}{2}\right)$$

因为 $a-2x > 0, 4x > 0$，所以

$$(a-2x) + (a-2x) + 4x = 2a \text{ （常数）}.$$

所以

$$V = \frac{1}{4} \cdot \frac{1}{4}(a-2x)^2 \cdot 4x \leqslant \frac{1}{16}\left(\frac{2a}{3}\right)^3 = \frac{a^3}{54}.$$

当 $a-2x = 4x$ 时，取等号，即当 $x = \frac{a}{6}$ 时，$V_{max} = \frac{a^3}{54}$.

讨论：由上面两个例子的结果可以看出，它们都是当 $x = \frac{a}{6}$ 时，V 取最大值. 反思：这是必然的还是偶然的？

我们自然想到，将所剪铁皮的形状发生改变，结论会怎样？可以类比为矩形、正多边形的情形. 这些问题的研究思路和研究方法相似，由此启发学生思考，一题多变、一法多用，达到举一反三、触类旁通的目的.

3. 类比在数学教学中的重要性

类比是学生学习知识并系统地掌握知识和巩固知识的有效方法. 学生利用原有认知结构, 借助类比, 可以有效地学习新知, 掌握新知, 若再对已有知识做进一步的恰当类比, 可以将这些知识进行有效的系统处理. 如在初中学习分式时可以类比分数: 从定义和运算法则等方面进行类比.

具体体现在:

分数的乘除法法则: 两个分数相乘, 把分子相乘的积作为积的分子, 把分母相乘的积作为积的分母; 两个分数相除, 除以一个分数等于乘以它的倒数.

分式的乘除法法则: 两个分式相乘, 把分子相乘的积作为积的分子, 把分母相乘的积作为积的分母; 两个分式相除, 把除式的分子和分母颠倒位置后再与被除式相乘.

分数的加减法: 同分母分数相加减, 分母不变, 分子相加减;
异分母分数相加减, 先通分化为同分母分数, 然后进行加减.

分式的加减法: 同分母分式相加减, 分母不变, 分子相加减;
异分母分式相加减, 先通分化为同分母的分式, 然后进行加减.

有人曾对以前初中课本中的"类比法"进行过统计, 它在代数中出现的频数是 20, 在几何中出现的频数是 6.

再如, 高中教材中圆锥曲线的学习, 抛物线、双曲线可以类比椭圆来学习; 三角函数的学习以及平面向量的学习, 通过类比, 可以有效地学习新知识, 并将这些知识有机地联系起来. 即通过类比, 可以建构知识网络, 使学生既明白知识点之间的异同点, 又将零散的知识构成网络, 以对知识有更深一层的理解. 在数学教学中, 教师应注重类比法的讲解和应用, 这对帮助学生学习数学、发展数学思维、提高分析问题和解决问题的能力是非常有用的, 而且对学生的数学创新能力的培养也是大有裨益的.

5 数学悖论与数学发明创造

今天，在人们的心目中，科学是一个最美好的字眼，她给人们带来利益，给生活在这个变幻莫测、矛盾纷繁的世界中的人们提供了一个最坚实的立脚点，使人们可以攀附在这块岩石上得以高枕无忧. 科学理论在许多人的心目中享有不容怀疑的礼遇，科学领域被看作是与非科学领域截然对立的. 而数学则像空气和水一样维持着科学的生命. 希尔伯特曾问，如果连数学思考都失灵了，那么应去哪里寻找可靠性和真理性呢？在 20 世纪初，人们对于勾选一个完美而又严格的数学大厦充满信心（如非欧几何、无穷小量等），数学家总是希望为数学寻求一个坚实的出发点，但他们终于痛苦地认识到这是不可能的. 造成这种失望感的直接原因之一，就是人们在数学创造活动赖以进行的逻辑思考的前提里，出现了一系列回避不了的矛盾和悖论.

5.1 数学悖论

5.1.1 悖论的意义

所谓悖论，从字面上讲，就是荒谬的理论，那么为什么要把它用这样一个古怪的名词来取代呢？按照美国柯朗数学研究所 M·克莱因教授的说法，就是为了不把自相矛盾的真相摆在桌面上. 时间一长，悖论一词也就用习惯了，其真实含义也就人人皆知了.

例 1 罗素的理发师悖论.

李家庄上所有有刮胡子习惯的人可分为两类：一类是自己给自己刮胡子的;另一类是自己不给自己刮胡子的. 李家庄上有一个有刮胡子习惯的理发师自己约定"给而且只给村子里自己不给自己刮胡子的人刮胡子". 现在要问，这个理发师属于哪一类？若属于自己给自己刮胡子的人，则按约定，他不应给自己刮胡子，因而又是一个自己不给自己刮胡子的人；再设他是属于自己不给自己刮胡子的一类，按约定，其必须给自己刮胡子，因而又是自己给自己刮胡子的人. 每种说法都行不通，这就是理发师悖论.

关于悖论有各种不同的说法：

（1）认为是一种导致逻辑矛盾的命题，若承认其真，它又假，若承认其假，它又为真.

（2）悖论是指这样一个命题，由 A 出发可找到语句 B，然后假定 B 真→ㄱB 真，假定ㄱB 真→ B 真.

（3）悖论是这样的推理过程，看上去没有问题，但结果却得出逻辑矛盾.

上述描述有其合理的一面，但也有不够全面的地方，因为任何一个悖论相对包含于某个理论体系之中. 如理发师悖论包含在古典集合论中. 另外，并非每个悖论都要陈述为一个命题或句子的形式，有的要通过推演过程表现出来. 同时也为了避免轻而易举地把明显的矛盾命题凑在一起宣布发现悖论. 关于悖论的定义，说法不一，徐利治教授主张采用弗兰克尔和巴-希特尔的说法："如果某一理论的公理和推理原则上看上去是合理的，但在这个理论中却推出了两个互相矛盾的命题，或是证明了这样一个复合命题，它表现为两个互相矛盾的命题的等价式，那么，我们就说，这个理论包含了一个悖论." 在一个理论系统中出现两个互相矛盾的命题形式，即 $B→$ㄱB，ㄱB→ B，就称其为悖论.

悖论与诡辩、谬论不同，诡辩和谬论不仅从公认的理论上明显看出它的错误，而且一般地还可以运用已有的理论、逻辑论述其错误的原因. 而悖论则是从公理和推理原则看上去是合理的，但是从理论体系中却推出矛盾命题，不能自圆其说. 悖论与当时历史条件下人们的认知水平密切相关，相对特定的理论体系而言，就是在不断努力消除悖论的过程中，建立了新的数学理论，推动了数学的发展.

5.1.2　常见的悖论

数学中出现悖论是不可避免的，可以说数学也正是在不断排除悖论、修正悖论的过程中向前发展的，当发展到一定程度，又出现了新理论体系的悖论. 当然，随着数学知识的愈趋复杂与深奥，悖论的"隐蔽性"越强，影响越深远.

1. 伽利略悖论

1638 年，伽利略提出如下事实：

平方数集是自然数集的一部分，由全体大于部分，自然数集的元素"总数"比平方数集的元素的"总数"多；但 $n→n^2$，即不同的 n 对应不同的 n^2，因而平方数的总数并不比自然数的总数少.

同样考虑：$1+2+3+4+\cdots+n+\cdots$，

$$1+3+5+7+\cdots+(2n-1)+\cdots.$$

一方面，第二个和是第一个和中去掉某些项得到的，由整体大于部分，第一个和大于第二个和；另一方面，第二个和的第一项与第一个和的第一项相等，而从第二项开始的每一项都比第一个和中对应项大，因此第二个和应大于第一个和.

又如：在 $\triangle ABC$ 中，M, N, D 是三边的中点，显然 BD 是 BC 的一部分，且 $BD = \dfrac{1}{2} BC$，也就是"全体是大于部分的". 如果考虑 BD 和 BC 上点的个数就有另外的结论出现了. 下面给出证明：

因为 $BD = MN$，所以将 BD 平移到 MN 处. 在 BC 上任取一点 P，连 AP，与 MN 相交与点 P'，则 P' 与 P 相对应；再取一点 Q，连 AQ，交 MN 于点 Q'，则有 Q 与 Q' 相对应. 这样，只要在 BC 上取一点，则一定能在 MN 上有相交的点与之对应；反过来，MN 上的每一个点，也可按同样的方式找到 BC 上的一点与之对应.

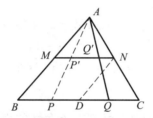

因此，从点的个数来考虑，BD 与 BC 是相等的，"部分"与"全体"的关系发生了变化.

2. 毕达哥拉斯悖论

宇宙间的一些现象都可归结为整数与整数之比，这是毕达哥拉斯学派的信条. 毕达哥拉斯学派的重大发现之一就是证明了勾股定理，人们由此也发现了一些 Rt$\triangle$，即，若第三边的长度能用整数比来表示，设为 $m \mid n$，且 m, n 互素，则 m, n 中必有一为奇数.

证明如下：由 $1^2 + 1^2 = \left(\dfrac{m}{n}\right)^2$，所以

$$m^2 = 2n^2.$$

设 m 为偶数，n 为奇数，则

$$m^2 = 2k.$$

所以

$$(2k)^2 = 2n^2.$$

所以 $n^2 = 2k^2$. 所以 n 为偶数，与 m, n 互素矛盾.

或假设 $\sqrt{2} = \dfrac{a}{b}$ $(a, b$互素$)$，则 $a = \sqrt{2}b$．所以

$$a^2 = 2b^2.$$

因而 a^2 为偶数，所以 a 为偶数．令 $a = 2c$，则

$$4c^2 = 2b^2.$$

所以 $b^2 = 2c^2$．所以 b^2 也为偶数，从而 b 也为偶数，这是不可能的．

3. 贝克莱悖论

在微积分创立的萌芽时期，尽管无穷小方法还没有严格的逻辑基础，但在实际应用中却行之有效．然而，有些人对这种局势很不满意，于是展开一场又一场的辩论，其中最严重的问题是英国大主教贝克莱提出的．

下面以例来说明．按牛顿流数法，x^2 的微商是这样计算的

$$\frac{(x + \dot{x})^2 - x^2}{\dot{x}} = \frac{2x\dot{x} + \dot{x}^2}{\dot{x}} = 2x + \dot{x} = 2x,$$

即 x^2 的微商等于 $2x$．这个结果正确无误．但仔细分析上面的计算过程发现，第三个等号成立是作为流数的 $\dot{x}$ 等于零 $(\dot{x} = 0)$，然而第二个等号成立必须以 $\dot{x} \neq 0$ 为前提，因此上述计算过程包含着矛盾．这个矛盾在引入极限后才可消除．

4. 罗素悖论

康托的集合论是数学历史上最富有革命性的理论，它的发展道路自然也很不平坦，只有在专横跋扈的克隆尼克去世之后（柏林大学教授，势力很强，对集合论完全持否定态度），集合论才有了出头之日．但好景不长，因为罗素悖论出现了，它直接冲击了数学和逻辑这两门一向认为严谨的学科，从而动摇了数学的基础．

罗素悖论：集合分为两种：一种是本身分子集，即集合是其自身的一个元素，即设此集为 M，有 $M \in M$．如一切集合组成的集合 M，其本身也是一个集合．另一种是非本身分子集合，即集合不是自身的元素．如自然数全体组成的集合 N，$N \notin N$．下面考虑一切非本身分子集的全体构成的集合 M_0，试问 M_0 是哪种集合？若 M_0 是本身分子集，则 M_0 为其自身的元素，而 M_0 的每一元素均为非本身集，因此 M_0 是非本身分子集；若 M_0 是非本身分子集，则 M_0 是一切非本身分子集构成的集合，M_0 是 M_0 的一个元素，从而 M_0 是本身分子集．因此，构成一个悖论．

5. 芝诺悖论

芝诺是古希腊埃利亚学派的代表人物，他提出了四个著名悖论，其中较重要的是阿基里斯追龟悖论，即跑得最快的阿基里斯永远追不上跑得最慢的

乌龟. 即 $V_阿 > V_龟$，但 $V_龟$ 先行一段距离，阿基里斯为赶上乌龟必须超过乌龟开始的起点，但阿基里斯到达乌龟的起点时，乌龟又到新的点……如此下去，阿基里斯永远追不上乌龟.

6. 说谎者悖论（语义学悖论）

公元前 6 世纪，古希腊克里特岛的哲学家伊壁门尼德斯有如下断言："所有克里特岛人所说的每一句话都是谎话."若其真，由于伊壁门尼德斯也是克里特岛人，从而推出其为假，但其为假，并不导致矛盾. 经过欧几里得的改进，后来成为"我现在所说的话是假话".若其为真，则推出其为假；若为假话，则又推出其为真.

后来人们又改造了等价于说谎者悖论的强化了的悖论："在本页本行里所写的那句话是假话."由于上述行里除了这句话本身之外别无它话，若该话为真，则要承认其结论，则该话为假；若该话为假，该话又为真. 事实上，它是作为论断的话与被论断的话混而为一，称之为"语义学悖论".

7. 其他

随着科学的发展，各个领域中也出现了大量思维、推理不清等的问题，都称之为悖论. 如著名的《科学美国人》（Science American）杂志上刊登的《数学悖论奇景》.

（1）唐吉诃德悖论.

小说《唐吉诃德》里描写过这样一个国家，它有一条奇怪的法律，每个旅游者要回答一个问题："你来这里做什么？"回答对了，一切都好办，回答错了，就要被绞死. 一天，一位旅游者回答："我来这里是要被绞死的". 在旅游者被送到国王那里后，国王苦苦想了好久，究竟要不要把他绞死，若回答的对就不会被绞死，可这样他的回答又错了；若回答的错就要被绞死，这恰恰又说明他回答对了，真是左右为难. 之所以如此是其判断对错的标准模糊.

（2）梵学者的预言.

印度预言家的女儿苏椰在纸上写了一件事，让其父亲预言这件事在下午 3 点钟以前是否发生，并在一张卡片上写上"是"或"不是". 预言错了，就要给她买辆小汽车. 3 点钟时，苏椰把压在水晶球下面的纸拿出来，高声读到：在下午 3 点以前，你将写一个"不"字在卡片上，而学者在卡片上写的是"是"字. 他预言错了，"写一个'不'字在卡片上"这件事并未发生. 但如果写"不"也是错的，因为写"不"就意味着他预言卡片上的事不会发生，但它恰恰发生了. 结果苏椰赢了一辆红色赛车.

（3）意料之外的考试（或意想不到的老虎）.

它出现在 20 世纪 40 年代初，一位教授宣布：下周的某一天要进行一次"意料之外"的考试，即学生在考试前一天晚上并不知道考试在第二天举行，并说没有一个学生在考试那天之前能推测出考试日期. 一个学生证明考试不会在最后一天进行，因为倒数第二天就可推测出来，那样就会"事先知道了"而不感到意外. 类推考试不可能在任何一天进行. 事实上，并不能判断不在最后一天考试，老师在五天中任一天举行考试都是出乎学生意料的.

公主要和迈克结婚，国王提出一个条件："我亲爱的，如果迈克打死这五个门后面藏着的老虎，你就可以和他结婚，迈克必须顺次开门. 从 1 号门开始，他事先不知道哪个房间里有老虎，只是开了那扇门才知道，即这只老虎的出现是意想不到的."迈克看着这些门，对自己说：若我打开了四个房间的门都没有老虎，就会知道老虎在第五个房间，可是国王说，我不能事先知道它在那里，所以老虎不可能在第五个房间；同样老虎不可能在第四个房间……不可能在第一个房间. 迈克十分高兴，满怀信心地去开门，但惊讶的是老虎从第二个房间跳了出来. 迈克的推理并没错，但他失败了，老虎的出现完全出乎意料. 这表明国王遵守了其诺言，而迈克进行的推理本身就与国王关于"意料不到"发生矛盾. 迄今为止，逻辑学家对于迈克究竟错在哪里还未得到一致意见.

那么悖论的成因是什么？如何排除呢？这是随后要研究的内容.

5.1.3　悖论的成因及其解决方案

5.1.3.1　悖论的成因

悖论主要分为语义学悖论和集合论悖论.

从前面的介绍可看出，伽利略悖论主要源于认识上的局限性；贝克莱悖论的产生是由于用形而上学的思想观点来认识无穷小量；芝诺悖论是基于人们对无限的认识不清；毕达哥拉斯悖论也是由于用形而上学观点认识数，这主要是人们对无限的认识问题，以及形而上学观点. 人们普遍认为，由于严格的微积分理论的建立，使得毕达哥拉斯、贝克莱悖论均已解决，但建立严格的分析理论是以实数理论为基础的，而要建立严格的实数理论，又必须以集合论为基础. 由于集合论在当时已成为现代数学的基础，所以集合论产生悖论不但影响集合论本身，而且几乎影响到整个数学，还影响到逻辑学. 因此，罗素悖论的产生不仅表明集合论中包含矛盾，而且表明逻辑学中也有矛盾. 人们历来认为，数学和逻辑是两门极为严格的科学，现在竟然遇到如此严重的困难，使西方哲学界、数学界和逻辑学界大为震惊，因此，他们均致力于消除集合论中的悖论. 在这一方面有较深入研究的是策莫洛.

5.1.3.2　悖论的解决方案

1. 策莫洛对悖论的解决方案

悖论的出现和研究推动了人们从逻辑和哲学两个角度深入研究数学基础中的问题，并取得了积极的成果．既然集合论中出现了矛盾，人们当然可以把数学建于别的理论之上，而把集合论彻底抛弃，但是经过探索发觉别的理论更不好研究，更难于应用，这些理论不及集合论方便有力．因此，大家都致力于进行集合论的改造，这主要有罗素的类型论和策莫洛的公理集合论．

策莫洛认为，集合论产生悖论的主要原因是康托构造集合的概括原则所致，这些原则使造集带有任意性．根据概括原则：任给性质 P，便能由且仅由一切具有性质 P 的对象汇集起来构成集合，如此即允许一切集合组成的集合存在．这一方面使集合论中包含了可以戳穿一切盾的矛，即由任意集 S 可得到更大的集合（幂集），拓展无条件限制；另一方面又使集合论中包含了一个可以抵挡一切矛的盾，即一切集合的集合，即最大的集合．因而矛盾不可避免，要对概括原则造集的任意性加以适当的限制．一般的做法是弃盾保矛和弃矛保盾．策莫洛的系统是弃盾保矛，并提出 ZFC 公理系统，但是 ZFC 系统并不是公认的最好方案，因为它排斥了许多集合；冯·诺依曼认为，产生悖论的原因不在于使用了太大的集合，而在于这些太大的集合被用作其他集合或自身的元素，她按此思想建立了一个公理化集合论，也就是今天的 NBG 系统（虽保留了一切集合的集，但不允许再做进一步扩张）．

上述问题的焦点为一切集合汇集在一起究竟能否成为集合，致使人们很快把注意力集中到概括原则所肯定的那种造集的任意性这一点上．因此，策莫洛首先构造公理系统，他在保留概括原则中之合理因素的前提下，对造集的任意性加以适当的限制，形成一个公理系统，并在此系统内，只承认按系统中公理所允许的限度内构造出的集合才是集合，凡是超出系统中公理所允许的限度而构造出来的集合概不承认，特别是一切集合组成的集在这个系统中是不被承认的，即可消除罗素悖论等已出现的逻辑、数学悖论．他于 1908 年建立了公理系统，之后，福莱克等又在 1921—1923 年间给出一个严格的解释，并对 ZFC 系统做了改进．ZFC 公理系统为外延公理（集合相等），有：空集公理、对偶公理（对集 U 和 V，存在一个集，以 U 和 V 为其元素）、并集公理、幂集公理、无限公理（自然数集）、代换公理、子集公理．因而，在 ZFC 中能够排除已出现的集合论的悖论，但 ZFC 系统本身的无矛盾性至今未解决．正如庞加莱所指出的，我们设置栅栏把羊群围住，免受狼的袭击，但是很可能在围栅栏时就已经有一条狼被围在其中了．

2. 罗素对悖论的解决方案

关于悖论的成因，庞加莱多次指出，其与非直谓的定义有关，即被定义的对象被包括在借以定义它的各个对象中，借助一个总体定义一个概念，而这个概念又属于这一总体.

例 1　李家庄上年纪最大的人 H.

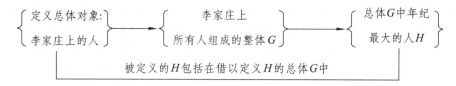

例 2　一切集合组成的集合 S.

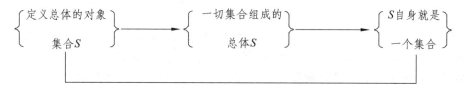

因此，罗素认为，所有悖论都有这样一个关键性的对象，它借助一个整体予以定义和规划，但这一对象又被包含在整体中，这里就出现了一种循环，由此导致悖论的出现. 于是，他提出了恶性循环原则.

恶行循环原则：没有一个全体能包含一个只能借助这个整体来定义的元素.

类型混淆原则：任何一个集合绝不是自身一个元素，由此排除罗素悖论.

总之，悖论产生的根本原因无非是人的认识与客观以及认识客观世界的方法与客观规律之间的矛盾. 康托造集的概括原则是认识客观世界的方法和手段，由于人类认识在历史阶段上的局限性和相对性，使得在所形成的理论体系中，本来就有产生悖论的可能性，所以，人的认识无终结，悖论的产生和排除也就无终结. 因此，寻找终极原因和终极方法是不符合认识论原则的.

5.2　悖论与三次数学危机

有人喜欢把数学比作一处雄伟而壮观的建筑物. 对于这种比喻是否恰当，我们不想妄加评论，不过有一点似乎很明确，建筑物只有在有了牢固的基础后，才能建造上层楼阁. 而数学则是先有建筑（数学在各方面的应用），然后发现问题再打基础，并在原理论基础上继续发展，再发现问题再打基础，就这样持续不断发展. 如果在一定历史时期, 人们在某理论体系中发现了悖论, 悖论的产生势必会使人们对数学的可靠性产生怀疑, 如果悖论威胁到数学的存在, 涉及数学基础, 那么, 这种怀疑就会上升到认识上的"危机感", 按西方数学界的说法就是产生了数学危机. 在数学史上曾先后出现过三次数学危机.

5.2.1　数学史上的三次数学危机

1. 毕达哥拉斯悖论与第一次数学危机

公元前 5 世纪, 古希腊的毕达哥拉斯学派的门徒希帕索斯, 发现等腰 Rt△ 的直角边与斜边不可通约. 这本是人类对数的认识的一次重大飞跃, 是数学史上的伟大发现, 但由于毕氏学派被哲学观念所禁锢, 使人们陷入极度的不安之中, 最后希帕索斯被同伴抛入大海而葬身鱼腹. 这在当时直接导致了认识上的危机, 称其为第一次数学危机.

事实上, 毕达哥拉斯学派把离散和连续问题提出后, 使人们进一步认识了无理数, 另一方面也导致了公理几何学和古典逻辑的诞生. 几何量不能完全由整数及其比表示, 同时反映出直觉和经验不一定可靠, 只有推理证明才是可靠的. 从此, 希腊人开始重视几何的演绎推理, 并以此建立了几何的公理体系.

2. 贝克莱悖论与第二次数学危机

西方资本主义社会产生的整个历史时期中, 由于生产力突飞猛进, 使微积分理论在生产实践中有着广泛而成功的应用. 大部分数学家对这一理论深信不疑, 贝克莱悖论的提出实际上是指出了微积分中的逻辑矛盾, 而无穷小又是当时微积分的基础, 这样便在数学界引起了混乱, 把此称为第二次数学危机. 无穷小量事实上体现了量变到质变的飞跃.

第二次数学危机的产物——分析基础理论的完善与集合论的创立. 为了解决第二次数学危机, 数学家们做了大量工作, 其中柯西引入了极限理论, 魏尔斯特拉斯用 $\varepsilon-\delta$ 精确刻画了极限. 由于第二次数学危机, 促使数学家深入探讨数学分析的基础——实数理论. 19 世纪 70 年代, 魏尔斯特拉斯、康托、戴德金独立地建立了实数理论, 从而使数学分析建立在严格的实数理论基础上, 并导致集合论的诞生.

3. 罗素悖论与第三次数学危机

经过康托及一些对集合理论持同情态度的人的惨淡经营, 集合理论逐渐被人们理解和接受, 并以此出发建立了数学理论. 经过许多数学家的努力, 人们普遍认为, 从集合理论出发建立数学理论的目标已实现, 对此, 整个数学界出现了一派欣欣向荣的景象. 然而, 当数学家为集合论的胜利而欢呼之时, 罗素等一系列悖论在集合论中出现了, 给数学和哲学带来了危机. 当数学家致力于数学基础问题的研究时, 进一步的研究工作又暴露出许多最基本的数学概念上发生的令人吃惊的分歧, 数学家由此又陷入了前所未有的混乱境地, 这就是第三次数学危机.

第三次数学危机导致了数理逻辑的发展与一批现代数学的产生, 如数学基础、语言学等.

5.2.2　研究悖论的重要意义

从前面的介绍可以看出, 由于悖论袭击的目标往往是当时人们公认的完美无缺的理论体系, 因此引起了人们的困惑和反感. 但数学中新颖思想、奇异理论的诞生大多是在解决矛盾、排除悖论的过程中迸发出来的, 它促进了人们对数学基础的研究, 从而产生了许多新的数学学科, 推动了数学的发展, 体现了人们认识上的飞跃.

众所周知, 在医学中, 随着医学研究的不断深入, 人们逐渐发现了新的疾病, 如癌症、脑出血、白血病等, 这些疾病固然让人担惊受怕, 但是既然它们是客观存在的, 并且危及人的健康和生命安全, 我们就应该努力去研究病因, 寻找治疗方法, 而医学也因此得到了丰富和发展. 同理, 正确对待悖论的态度也是研究它并通过对它的研究来推动数学的发展.

5.3　数学发明创造的心智过程

从数学方法论的含义可以看出, 我们不但要研究数学发展的规律、数学的思想方法, 而且要研究数学中的发现、发明及其创新的法则, 前两个问题在前几章我们已分别做了论述, 本章就数学发明创造的心智过程进行讨论.

5.3.1　数学发明创造的含义

要给数学发明或创造下一个比较精确的定义, 就要先看一下发明和发现的区别. 在实际生活中, 发现是指现实世界中本身存在的东西被人感知, 如溶洞开发, 而发明是指现实世界中不存在的东西被人创造出来, 如半导体、电视机. 但在数学中, 发现和发明没有原则性的区别, 数学是发明还是发现不能一概而论. 数学对象和数学真理具有客观性, 所以对待数学上的创造性新成果有时用发现来代替发明一词. 人们常说: 牛顿和莱布尼兹发现了微积分基本原理，这是因为原理的存在是客观的，但人们也常说：他们发明了微积分学，这是因为微积分中的一系列符号、表示方法和计算规则是由它们创造的，带有人为制作的性质，不妨叫作发明. 在数学领域中发现和发明两词经常混用，没有明确的界限. 数学上许多重要概念的引入和思想方法的构思确实是人脑能动性的产物，有时称其为发明创造是较合适的.

一般来说，凡在数学上创立新概念、新理论、新模型，提出新方法，证明新定理等都可叫作数学领域中的发明或创造.

5.3.2　数学发明创造的心智过程

庞加莱是 19 世纪末、20 世纪初的数学大师之一. 他 1854 年出生于法国南锡，1912 年卒于巴黎，是数学、物理和天体力学家，他在数论、函数论、微分方程、非欧几何、代数几何、代数拓扑等方面有卓越贡献. 他表述的数学发明创造的心智活动规律，目前为人们所公认.

1. 数学发明创造无非是一种选择

数学发明创造无非是一种选择，就是要在无穷无尽的数学事物组合中，选择出有用的组合，抛弃无用的组合，从而取得有用的新成果. 他形象地把存在于人脑中的种种思想或概念叫作"观念原子"，它们是一群原来挂在墙上的带钩子的原子，在开动脑子机器后，成群的观念原子便在空中翩翩起舞，原子间的相互组合将能产生新的观念原子，但是组合方式无穷无尽，只有通过某种美妙的选择形成的组合才能产生极有用的观念原子，即数学上有用的新思想、新方法. 数学创造并不在于用已知的实体做出新的组合，而恰恰在于不做无用的组合，发明就是识别和选择.

现在的问题是，究竟依据什么样的标准去从这些无穷无尽的组合中选取能产生新思想的组合呢？庞加莱提出如下几条选择原则：

（1）有价值，经济原则.

选择那些能导致某些发现规律的事实. 数学家做出的选择，仅仅是方便而已.

（2）追求简单性.

简单的事实更易被机遇所复现，数学家的选择就是从这类简单事实中发现其隐藏至深的规律.

（3）寻求差异性.

有规则的事实开始是合适的，但是例外更能告诉我们新东西，我们不去寻求相似，尤其要全力找出差异. 敢于向传统观念挑战，从一类事实中寻找那些被人忽视的差异性，从而揭示出某些更深层次的内在必然性，以获得某些奇异性的数学结果.

（4）对于美的追求.

数学是比较深奥的，正如艺术家在模特中选择那些能使画面完美，并赋予它个性和有关的事实，正是这种特殊的审美情感起着微妙的筛选作用. 这充分说明缺乏审美感的人永远不会成为真正的创造者.

2. 选择能力决定于数学直觉（灵感、顿悟）

人脑为什么能将表面上看起来并无关联的一对观念原子结合起来产生一个新而有用的概念呢？这在于人的头脑中存在着一种关于数学秩序的直觉，没有直觉的数学家就像一个只会按语法写诗的作家. 阿达玛曾发展了庞加莱的学说，他认为，数学直觉的本质是美的意识，这种意识越强，发现和辨认隐微的和谐关系的直觉力也就越强，从而选择能力越强.

数学直觉导致"最佳选择"的心智活动形式即顿悟. 若事先无自觉的工作和有意识的努力，大脑中也不会有无意识的工作活动和不自觉的工作，因而也不会产生顿悟.

3. 顿悟产生的基础是脑风暴

顿悟产生的基础是脑风暴，即脑海中迅速出现种种联想、猜想假设和非逻辑思维的心智活动状态. 也就是说，

$$努力+灵感\rightarrow技能（技巧）\rightarrow发明.$$

但是否只要努力钻研就能捕捉灵感，做出数学发明创造？其实并不全这样.

人按照其掌握数学的能力分为三类：① 不能理解数学；② 理解数学，但不能有所创新和发明；③ 不仅理解数学，而且极有可能做出数学发明创造. 人们自然要问，第三种类型的人有哪些优异的素质呢？通过下面的程式做一说明：

$$思维素养+持久的努力\rightarrow灵感+由努力培养成的技能、技巧\rightarrow数学发现的完成.$$

$$思维素养=注意+记忆力+数学审美能力+\cdots$$

由此可看出，灵感思维和数学审美能力是两个至关重要的因素，这正是下面要研究的问题.

5.3.3　数学中的灵感思维

灵感是人们在创造活动中因思想高度集中、情绪高涨而突然表现出来的能力. 把灵感认为是"神灵的启示"以及"不可知"是唯心主义灵感论，唯物主义认为，灵感是客观存在的一种精神状态，是一种思维，获得灵感的前提

是丰富的实践, 同时也必须有较高的知识与思维素养.

灵感思维是在研究数学问题而百思不得其解时, 由于受某些偶然因素的激发产生的顿悟, 闪现出的新思想和新方法, 是一种非逻辑思维. 我们在证明几何题时, 常常是一开始很棘手, 难以找到解决方法, 但反复考虑后, 猛然会发现思路, 这就是灵感作用的结果.

英国数学家哈密顿发现四元数的过程如下: 复数可以认为是二元数. 当复数发现以后, 人们试图发现三元数, 英国数学家哈密顿为此研究了 15 年, 困难在于新数的运算法则既要符合一定的规定, 又要推广复数的有关法则. 1843 年 10 月 16 日, 哈密顿与妻子出去散步, 当走到勃洛翰桥时, 突然感到引入三元数不行, 能否考虑四元数, 他脑中随即涌出 i, j, k 的火花, 规定:

$$i^2 = j^2 = k^2 = -1, \ ij = k, \ jk = i, \ ij = -ji, \ ijk = -1,$$

它既完美又推广了复数的有关规定. 如:

$$(\alpha, \beta, \gamma, \delta) = \alpha + \beta i + \gamma j + \delta k.$$

于是一种超复数——四元数诞生了. 哈密顿回忆"四元数"产生经过时说: "此时我感到思想的电路接通了, 而从中落下的火花就是 i, j, k 之间的基本方程, 这恰恰就是我后来使用它们的那个样子, 我当场抽出笔记本将这些思想记录下来. 与此同时, 我感到也许值得它花上我至少 10 年或 15 年的劳动, 但当时完全可以说, 我感到一个问题就在那一刻已经解决了. 我该缓口气了, 这个问题已经纠缠我至少 15 年了".

5.3.3.1 灵感思维的特征

1. 非逻辑性与无意识性

数学中的灵感思维是在非逻辑语言上进行的, 它是一种下意识的活动, 是依靠数学对象和结构自身"不言而喻"地表示的, 它不像逻辑思维那样是有意识地按一定的逻辑规则进行的.

与逻辑思维相比, 灵感思维更富有感情色彩. 紧张工作后的思想松弛期间, 大脑最易产生灵感, 这时大脑的自觉思维活动基本停止, 不再受某种力量的压抑, 反而会接受下意识的信息. 如: 笛卡尔躺在床上, 欣赏着正在织网的蜘蛛, 受蜘蛛网的启发, 灵感涌现了, 于是创立了直角坐标系; 门捷列夫是在梦中给出元素周期表的; 希尔伯特则常在剧场、音乐会上出现闪光想法.

法国学者庞加莱致力于研究 Fuchs 函数, 经过很长时间的努力, 他终于构造出一类 Fuchs 函数. 但是否还有其他形式的这种函数呢? 为此他绞尽脑汁，但几乎无任何进展．其后，他出去参加一个会议．由于旅途劳累，使他完全没有了作数学研究的念头，到达目的地后，就打算到外面散心，正当踏上马车的脚蹬板时，他的头脑中闪现出一个念头，感到定义 Fuchs 函数的方法和非欧几何中的变形法是相通的，回家后他仔细斟酌了自己的想法，确认其正确．接着他又开始研究数论问题．有一次，他正在悬崖附近散步时，大脑中突然下意识地将二次三项式的数论变形与非欧几何的变形结合在一起，经反复推敲，证明了还有另外形式的 Fuchs 函数存在，但能否将所有的 Fuchs 函数构造出来呢？此时他正在服兵役，出差蒙比利埃期间，他在大街漫无边际地逛游时，脑中突然浮现出解决此问题的方案，兵役期满后，他将想法进行了整理并写成 Fuchs 论文．

2. 突发性与偶然性

灵感的突发性是指它出其不意的在刹那间产生，从时间上看，突如其来，从产生效果看，意想不到；偶然性是指它受某一事物启迪后触发而来，来去匆匆，令人难以寻觅．

一百多年前，法国医生拉哀奈克想发明一种能诊断胸腔疾病的器械，他苦苦思索了很久，一直想不出好办法．一天，他领着小女儿出去玩，偶然发现翌翌板，若在一端敲击翌翌板，敲的人几乎什么听不见，而其他人把耳朵贴近翌翌板另一端则听得清清楚楚．他顿时醒悟，高兴得大喊起来，急忙返回家中，用木头做了一个喇叭型器械．之后，他将此器械的一端塞入自己的耳孔，另一端放在别人的胸前，终于听到了他人内脏器官的跳动，听诊器便这样于 1919 年诞生了．

3. 独创性与模糊性

从灵感思维的功能和作用看，它是创造性思维中最活跃、最富有生命力的因素．钱学森说，若逻辑思维是线性、是一维的，形象思维是平面、是二维的，那么灵感思维则是空间、是三维的，同时因为人们的理性思维从总体上看具有一定的模糊性，从而使灵感思维也具有模糊性．

我国青年数学家侯振挺说他证明巴尔姆断言的过程就是独创性与模糊性相结合的例证．当时他对排队论中的一个断言想了一年多，但进展不大，后到北京潜心研究．一天他准备乘火车出去，在车站内他还在想巴尔姆断言，突然他感到排队等候上车的人变成了符号与算式，人的流动也变成演算，于是眼睛一亮，断言的证明大致呈现在脑海中，他马上返回住址，经加工整理，写下了《排队论中巴尔姆断言的证明》．

5.3.3.2 数学中灵感产生的条件与捕捉方法

在发明创造中涌现出的这种灵感并不是什么虚无缥缈,不可捉摸的现象,若没有长年累月的深思熟虑,事先若没有自觉的工作和有意识的努力,大脑中就不会有无意识的活动和不自觉的工作,也就不会有灵感产生.事实上,美妙的灵感不仅仅为科学家占有,它存在于每个人的畅想之中,所不同的是,大发明家不失时机地把他捕捉到手,信马由缰,兼程并进.不善于用灵感的人,常常漫不经心地将之放过去了,那么如何捕捉灵感呢?

（1）思维专一与定向强化是灵感产生的前提条件.

灵感只能从艰苦的劳动中产生,没有长期坚持不懈的刻苦钻研,没有反复认真的推敲、计算,证明是不会获得灵感的.有人把灵感的出现看作对科学家艰苦劳动的最高奖赏是有道理的,也有人在论述灵感时将之概括为长期积累、偶然得知.

（2）丰富的知识素养与不断获得新鲜的课题、信息是灵感产生的基础.

丰富的知识素养主要指所具有的数学、自然科学及社会科学中知识的广度、深度及所具备的能力,若没有雄厚的知识储备,就不会有灵感产生.数学家张广厚在《外国数学学报》看到了一篇关于"高值"的文章,感到自己可以借鉴,于是就把十多页的文章反复研读了几年,终于在函数论方面做出了突破性工作.

此外,还必须不断吸取新鲜的课题信息,广泛阅读中、外文资料,参加学术会议专题报告.如20世纪30年代美国的科学方法讨论会,每月在哈佛大学餐厅召开一次,坚持了数年,最终为控制论和人工智能的创立打下了基础.

（3）正确的科学理论的指导与迅速而严密的逻辑思维是灵感产生的土壤.

（4）紧张工作后的一段松弛时间,最有利于灵感的产生.

5.3.4 数学发明创造与数学美

通过前面的论述可看出数学审美能力在数学发明创造中的重要作用.非凡的记忆力、持续的注意力和对数学美的感受是数学家应具备的素质,而其中对数学美的感受,对于一个志在数学发明或研究的人来说,更是难能可贵的品质,因为只有那些具备感受数学美能力的人,才能对数学产生极大的兴趣,预知数学对象的隐藏关系,做出数学发现.正如阿达玛所说:"数学美感犹如一把筛子,没有它的人永远成不了发明家."这就要求我们首先必须最大限度地揭示和表现数学中的美,提升数学审美能力.

5.4　数学美及其审美能力的培养

5.4.1　数学与美学

　　关于数学与美学，许多数学家和艺术家都提及其关系，由此彰显出研究数学的美学意义的重要性. 如哲学家、数学家普罗克拉斯曾断言："哪里有数，哪里就有美"；亚里士多德也指出：虽然数学没有直接提到美，但数学与美，并不是没有关系，因为美的主要形式是秩序、匀称和确定性，这也正是数学研究的一种原则. 达芬·奇曾像研究数学一样研究人体美，在他画的一张人体比例图上注有文字说明："叉开两腿使身高降低十四分之一，再分举两手使中指端与头并齐，此时脐眼恰是伸展的四肢端点的外接圆的圆心，又两腿当中的空间构成等边三角形"，这也不失为美学与数学间关系的一种体现. 罗素说："数学，如果正确地看它，不但拥有真理，而且也具有至高的美，正像雕刻的美，是一种冷而严肃的美，这种美不是投合我们天性的微弱方面，这种美没有绘画或音乐那些华丽的装饰，它可以纯净到崇高的地位，能够达到只有最伟大的艺术才能显示的那种完美的境地."

　　著名的数学家冯·诺伊曼指出："我认为，数学家无论是选择题材还是判断能否成功的标准，主要是美学的原则." 美国数学家 L. A. 斯蒂恩在《今日数学》一书中说："在数学定理的评价中，审美的标准既比逻辑的标准重要，也比实用的标准重要；美观与高雅对数学对象的概念来说，要比其是否严格、正确，或者是否有应用价值等都重要. 尽管如此，通过人类心灵的某种完全神秘的共同因素，有创造力的数学家还是共享着那种惊人相似的审美标准的. 即使一位数学家对别人的专业既不内行也无兴趣，但却能凌驾于其他标准之上，能够欣赏别人作品中的美." 由此可以看出美学因素在数学评价中的重要性. 对美的追求既是人类的目标之一，也是对数学家发明创造的基本要求. 正如马克思所言："人类是按照美的规律去改造世界的." 甚至有的数学家认为数学是一门艺术，几乎胜过数学是一门科学，因为数学家的活动，像数学本身那样，总是在不断地发现和创造之中，尽管这种活动受理智的无限世界的约束，但却又引导着理智的无限世界.

　　大数学家庞加勒对数学美也有自己的独特见解，他认为："数学家非常重视他们的方法和理论是否优美，这并非华而不实的作风，那么，到底是什么使我们感到一个解答、一个证明是优美的呢？那就是各个部分之间的和谐、对称、恰到好处的平衡，等等．一句话，那就是井然有序，统一协调，从而使我们对整体以及细节都能有清楚的认识和理解，这正是产生伟大成果的地方．事实上，我们越是能一目了然地看清这个整体，就越能清楚地意识到它和相邻的对象之间的类似，从而就越有机会猜出可能的推广．我们不习惯于放在一切考虑的对象之间的那种不期而遇所产生的美，使人有一种出乎意料的感觉，这也是富有成果的，因为它为我们揭示了以前没有认识到的亲缘关系．甚至方法简单而问题复杂，这种对比所产生的美感，不过就是问题的解答之适合于我们心灵的需要而产生的一种满足感．也正是因为这种适合性，这个解答很可能成为一种新的工具，而且这种美学上的满足是和思维与结构紧密相关的．"这一精辟的论述充分说明了数学中的美是客观存在的，而且这种美促使了数学理论和方法的不断创新，并推动数学的发展．

综上所述，虽然各学派对数学美的认识和理解有所差异，但都有其相对一致的地方．目前，关于数学美的内容及其基本特征，数学家庞加勒将之概括为：统一性、简洁性、对称性、协调性和奇异性．徐利治教授认为这一概括十分精辟，它为大多数数学家所承认．

5.4.2 数学美的体现形式

1．统一美

所谓统一美，是指部分与部分、部分与整体之间的和谐一致．数学的统一性表现出多样化，主要有数学对象的统一性、数学思想方法的统一性、数学理论的统一性以及数学与其他学科的统一性．

（1）数学对象的统一性，如运算、变换、函数分别是代数、几何、分析这三个数学分支中的重要概念，在集合论中，便可统一于映射的概念；解析几何中的二次曲线：椭圆、双曲线、抛物线，在极坐标系中有统一形式 $\rho = \dfrac{ep}{1 - e\cos\theta}$；平面几何中的相交弦定理、割线定理、切线长定理都统一于圆幂定理之中中学立体几何中体积的万能公式（棱锥、柱、台）：$V = \dfrac{1}{3}h(S + S' + \sqrt{SS'})$，三角中的万能置换公式．1 是最简单的数，是一切数的出发点；i 是最简单的虚数，是一个虚单位；还有人类长期捉摸不透的两个数，即 π 和 e，这四个表面看来毫无关系的数，却统一于公式：$e^{-\pi i} + 1 = 0$（欧拉）中．

（2）数学思想方法的统一性有助于人们对其本质的认识．如 1872 年，德国著名的数学家 F·克莱因在爱尔朗根大学给出了举世闻名的"爱尔朗根纲要",纲要中,他用变换群的观点统一对几何学进行分类,即凡存在一种几何变换群,就构成一种相应的几何学:射影几何研究射影变换群下的不变性与不变量;仿射几何研究仿射变换群下的不变性与不变量;欧氏几何研究合同变换群下的不变性与不变量;拓扑几何研究拓扑变换群下的不变性与不变量,从而推动了几何学的发展.

（3）数学理论的统一性推动了数学的发展. 如古希腊毕达哥拉斯学派的名言:"万物皆数",主张用数统治宇宙. 再如,公元前 7 世纪古希腊人对几何学的研究已积累了丰富的材料,如何把这些材料统一起来,使之纳入一个严密的逻辑体系,实质上就是统一性的考虑;古代学者希波克拉丝提斯等对此做了大量的整理工作,直到公元前 3 世纪欧几里得的《几何原本》的诞生才使其取得根本性成就,《几何原本》至今对中学数学教育都有着深刻的影响. 著名的布尔基学派用结构的观点把各种数学关系统一在代数、拓扑和序的结构中. 正如狄里赫莱所言:他们的开创性工作使得数学不再是各种不相关的理论,而是一个统一在数学结构中的有机体. 在近代数学的发展过程中,各种抽象空间理论居于重要地位,但从结构观点认识各种抽象空间时,只要在空间中赋予不同量以结构便形成不同的分支与研究对象:赋予代数结构就形成群、环、域等代数空间,赋予向量结构就形成向量空间、向量、内积、欧氏空间,赋予概率结构便形成概率空间.

（4）数学和其他科学的统一主要体现为数学和其他科学的相互渗透. 正如马克思所说:"一门科学只有当它成功地运用数学时,才算达到了真正完善的地步."经典力学体系的建立、生物数学化、计量经济学等无不体现数学在其他学科的广泛应用.

总之,数学的统一性是数学本质的反映,是数学发展的一个大方向,也是数学美的体现之一.

2. 简洁美

简洁性是人类思想表达经济化要求的反映,是数学美的基本内容之一. 爱因斯坦说过:"美在本质上终究是简单性."狄德罗曾指出:数学中所谓美的问题是指一个难于解答的问题,所谓美的解答即指一个困难、复杂问题的简洁回答. 事实上,凡是做过数学研究的人,大都有一个体会,这就是面对一个待处理问题,经过一番冥思苦想和刻苦努力之后,一旦问题获解,固然非常高兴,但在高兴之余,紧接着又会出现一片沉思,亦即又在考虑是否还有更为简洁的解决方案. 而且当他们一旦给出了更为简洁的解决方案之后，一种愉悦和高兴的感受较前更为强烈. 因此，对于数学简洁美的追求，既是数学家的奋斗之一，又是促进数学发展的动力之一.

数学的简洁性首先表现在数学符号上，换句话说，数学的符号就是数学简洁美的追求结果. 如欧拉定理：对于凸多面体，有欧拉定理：$V - E + F = 2$；排列组合中 P_6^3，C_m^4 的引入；勾股定理表述为 $a^2 + b^2 = c^2$；微积分记号 $\int_a^b f(x)\,dx$；哥德巴赫猜想的具体内容可表为"1+1"，等等，无不体现出数学家对简洁美的追求.

数学家对简洁美的追求促进了数学的发展，如非欧几何的诞生，事实上也是追求简洁美所导致的成果. 众所周知，欧几里得的《几何原本》的第一卷中第五公设，与其他公设相比显得啰唆、冗长，远不如其他公设和公理简洁和自明. 这就是历史上著名的第五公设问题. 在解决第五公设问题的过程中，导致了非欧几何的产生，并得到许多与之等价的命题. 二进制的建立是从逻辑关系的简洁性所引出的结果，导致了电子计算机的出现，这是计算数学的一场革命，它对整个自然科学的发展产生了十分深远的影响.

简洁美不仅是符号的简洁，还表现为逻辑表述上的简单明了. 如爱因斯坦的质能公式：$E = mc^2$，它揭示了自然界的质量和能量的转换关系；著名的皮亚诺公理只用了三个不加定义的原始概念和五个不加证明的公理定义自然数.

3. 对称美

对称性是最能给人以美感的一种形式，是数学美的基本特征之一. 关于对称，简单来说就是，两个对象对于某物而言，如果互换位置，能够和原来的一样，即关于某物对称. 在现实世界中，对称的现象很多，如剪纸、高楼大厦的建筑呈现对称性；人类制作的物品、自然界中的晶体结构，处处也体现了对称美；名画的主题、电影画面的主题均放在画面的 0.618 处，乐曲中较长一段一般是总长度的 0.618，弦乐器的声码放在琴弦的 0.618 处.《蒙娜丽莎的微笑》是画坛巨匠达芬·奇的一幅作品，在这幅画中，黄金比值的应用可见一斑. 若以画框为界，确定一条水平线段，她的右眼正处在黄金分割点上，它的右手的中心点也处在黄金分割点处，所有这些，都使整幅画显得那么和谐自然而又富于神秘感，令人揣摸不透. 多少年来，人们醉心于对这幅画的研究，甚至从未间断过等. 在数学科学中，毕达哥拉斯曾说："一切立体图形中最美的是球形，一切平面图形中最美的是圆形."几何中的中心对称、轴对称、镜像对称、杨辉三角、黄金分割的比例，代数中多项式方程的虚根成对出现，函数与反函数的图像，线性方程组的表示及克莱姆法则等都体现出对称性.

在数学发展过程中，对称美的考虑和对对称美的追求产生了新概念、新理论、新学科. 如：各种运算的逆运算的建立（加与减、乘方与开方、微分与积分），以及数系的扩张（正数到负数、整数到分数、有理数到无理数、实数到虚数等），射影几何的建立，概率论，模糊数学，等等，还有自然对数的发展和引进也是追求对称美的产物.（为什么要选 e 为底？）

4. 奇异美

奇异美主要指由于奇异、新颖、出乎意料而出现的令人震惊的美. 徐利治教授说"奇异是一种美，奇异到极度更是一种美." 弗兰西斯·培根曾说："没有一个极美的东西不是在匀称中有着某种奇异."

如：$11 \times 101 = 1111$，$12 \times 101 = 1212$，

$\qquad 13 \times 101 = 1313$，$14 \times 101 = 1414$，

$\qquad 15 \times 101 = 1515$，$16 \times 101 = 1616$，

$\qquad 17 \times 101 = 1717$，$18 \times 101 = 1818$，

$\qquad 19 \times 101 = 1919$，$20 \times 101 = 2020$.

高斯曾对素数的分布做过猜想：素数个数的平均分布 $\dfrac{A_n}{n}$ 可用对数函数 $\dfrac{1}{\ln n}$ 来描述，即 $\dfrac{A_n}{n} \backsim \dfrac{1}{\ln n}$. 这是一个十分卓著的表现，人们惊讶的是表面上看起来毫无联系的两个数学概念，竟如此密切地沟通起来. 为证实这一优美神奇的猜想，从高斯提出猜想到完全证明，数学家花了近百年时间.

现代概率论教程中有一个著名的例子：蒲丰投针实验，即他事先在白纸上画好了一条条有等距离的平行线，将纸铺在桌上，又拿出一些质量匀称且长度为平行线间距离之半的小针，请客人把针一根根地随便扔到纸上，蒲丰则在一旁计数，结果共投 2212 次，求出了 π 的近似值 $\dfrac{2210}{704} = 3.142$，并宣布其为圆周率 π 的近似值，而且投得次数越多越精确. π 竟然和一个表面看起来风马牛不相及的随机投针试验沟通在一起，后来人们通过几何概率的知识求出 $\dfrac{n}{v} \approx \pi$. 历史上对圆周率 π 的计算过程是十分曲折的，然而居然可以用随机过程来描述，岂不令人惊奇！它开创了用偶然性方法去做确定性计算的先导，也充分显示了数学方法的奇异美. 培根说得好："美在于独特而令人惊异，数学中出乎意料的反例和巧妙的解法都令人叫绝，表现出奇异的美，闪耀着智

慧的光芒".

非欧几何的诞生可谓也是数学奇异美的体现. 如三角形的内角和可以大于或小于 180°, 与占统治地位的欧几里得几何完全相悖; 伽利略悖论与自古认为 "整体大于部分" 的论断相矛盾, 引发了对无穷集合的研究. 数学的奇异美使数学研究充满了活力和生机, 特别是奇异性的结果与理论往往打破原有的旧体系, 导致新理论体系的建立, 在新旧交替的过程中推动着数学大厦的发展.

5.4.3　数学教学中审美能力的培养

从前面的描述可看出, 数学美感与审美能力是数学创造性思维中的重要因素之一, 数学审美能力是指对数学美的感受能力、鉴赏能力与创造能力相结合的一种综合能力. 早在远古时代, 柏拉图第一个提出了较系统的美学理论, 他认为, 应让学生潜移默化地从小培养起对美的爱好, 从而激发其学习兴趣, 并按美的规律去发现、创造美的事物, 以增长其发明创造能力. 我们国家在 2003 年普通高中数学课程标准中指出: 要体会数学的美学意义. 那么如何在教学中体会? 也就是说, 培养学生的审美能力是教育的任务, 也是时代的要求.

1. 教师首先要具有审美意识, 要挖掘教材中的数学美学因素

教师是课堂教学的实施者和组织者, 因此, 首先要加强教师对数学美的学习与审美能力的培养, 教师要充分挖掘现行教材中的美学因素, 如数、函数、反函数、乘法、除法、乘方、开方、对数, 映射、逆映射等体现的匀称美; $a^0=1$, $a^{-n}=\dfrac{1}{a^n}$（运算普遍有效）, 三角函数万能代换公式; 圆锥曲线体现的统一美, 公理体现的简洁美, 法则体现的统一美, 等等.

数学教材中蕴含着丰富的美: 符号、公式和定理概括的简洁美和统一美; 图形的对称美和奇异美; 解决问题过程中的简洁美和奇异美; 逻辑推理中的统一美, 等等, 只有教师充分挖掘出来, 学生才有机会体验数学之美.

2. 在数学教学中有意识地渗透数学美, 揭示数学美

在数学教学中, 教师要把知识所固有的美有意识地充分表现出来, 让学生感受数学美的同时, 领悟数学的真谛, 并内化为自己对数学美的追求. 尤其是在解题时, 若推导出的结果无规律可循, 学生就会对自己的发现和认知产生不信任感（元认知）, 因此要考虑结果和方法的简洁与和谐.

在数学问题的求解过程中, 可以考虑表达符号的简洁、表达式的统一性和对称性，从而寻找问题解决的突破口，以优化思维.

例 1　求 $\sin^2 20° + \cos^2 50° + \sin 20° \cos 50°$ 的值.

分析　直接入手比较困难，没有明确的方向，因此可以考虑设

$$x = \sin^2 20° + \cos^2 50° + \sin 20° \cos 50°,$$

$$y = \cos^2 20° + \sin^2 50° + \cos 20° \sin 50°,$$

则

$$x + y = 2 + \sin 70°, \quad x - y = -\frac{1}{2} - \sin 70°.$$

解之得 $x = \dfrac{3}{4}$.

例 2　设 $f(x) = (2x^5 + 2x^4 - 53x^3 - 57x + 54)^{1992}$，求 $f\left[\dfrac{1}{2}(\sqrt{111} - 1)\right]$ 的值.

分析　直接代入运算较繁杂，因此，视 $\dfrac{1}{2}(\sqrt{111} - 1)$ 为整体进行代换. 即设 $x = \dfrac{\sqrt{111} - 1}{2}$，则

$$2x + 1 = \sqrt{111}.$$

两边平方，得

$$4x^2 + 4x + 1 = 111.$$

所以

$$2x^2 + 2x - 55 = 0.$$

此时，

$$f(x) = [(2x^5 + 2x^4 - 55x^3) + (2x^3 + 2x^2 - 55x) - (2x^2 + 2x - 55) - 1]^{1992} = 1.$$

3. 结合数学史，鉴赏数学美，激发学习兴趣

数学发展的历史就是数学家不断追求各种各样的数学美的过程，爱因斯坦在总结自己所取得的成就时说："照亮我的道路，并不断地给我以新的勇气去愉快地正视生活的理想，是真、善、美."因此，在数学教学中应通过介绍数学家追求真、善、美的故事引导学生学会鉴赏数学美，从而激励学生创造的热情和对真理的执着追求. 如无理数的发现、几何学的产生、尺规作图的三大几何难题不可解问题、五次方程的求根公式不可解等渗透着数学家的故事.

与此同时，应不失时机地结合数学内容介绍其历史背景，从而激发学生的学习兴趣，让学生学会用审美的眼光去看待数学的文化，体会数学学习的必要性. 如学习平均数时可引入歌手大赛中，在评委亮分后，为什么要去掉最高分和最低分；学习对数时可引入折纸问题，把一张纸对折 30 次测其厚度.

再如，学习等比数列求和公式时，可穿插印度国王的故事，即印度国王

打算重赏象棋发明人——宰相西萨班达依尔. 这个聪明的大臣表面看来胃口并不大，他跪在国王面前说：陛下，请您在这张棋盘的第一个小格内赏给一粒麦子，在第二个小格内赏给两粒麦子，在第三个小格内赏给我四粒，以此在其后的每一小格内都比前一小格加一倍，把这棋盘上 64 个格子的麦粒都赏给你的仆人吧！国王为自己对这样一件奇妙的发明的赏赐不致破费太大而心中暗喜，并说：你会如愿以偿的.

你觉得国王能兑现自己的承诺吗？

这个问题的关键是国王到底给大臣多少麦粒，也就是如何求

$$1+2+2^2+2^3+\cdots+2^{63}=?$$

通过数学知识的学习发现，国王没有能力兑现自己的承诺，因为

$$1+2+2^2+2^3+\cdots+2^{63}=\frac{1-2^{64}}{1-2}=2^{64}-1=18446744073709551615.$$

生活中处处有数学，数学中处处有数学美，要用心去发现数学的美. 德国数学家克莱因曾对数学美作过这样的描述："音乐能激发或抚慰人的情怀，绘画使人赏心悦目，诗歌能动人心弦，哲学使人获得智慧，科技可以改善人的物质生活，但数学却能给人提供以上所有的一切." 让我们在美的氛围中畅游在数学知识的海洋里，启迪思维，提高创造力吧！

6 数学思想方法教学研究

研究科学的方法来自科学本身，来自科学研究的全过程. 有的科学家为了使他的作品精美，在做出结果后把"脚手架"拆掉，也就是把过程都删掉. 不过，我们不能忘记：方法就是程序，就是过程，只有在那些并不完美的过程中才能找到完善的方法. 随着基础教育改革的不断推进，数学思想方法的重要性日渐凸显，在数学教育中重视知识的来龙去脉，在传授知识的过程中体味、感悟其蕴涵的数学思想方法成为教师课堂教学的基本要求.

6.1 数学思想方法教学的重要性

1. 有利于优化、完善和发展学生的数学认知结构

数学思想蕴涵在数学知识形成、发展和应用的过程中，现代认知心理学认为，学生的数学学习过程是新学习内容（数学知识）与原有认知结构通过同化、顺应两种方式相互作用产生和形成新的认知结构，即数学学习过程是不断形成新的数学认知结构的过程. 而数学认知结构是指数学知识在学生头脑里按照自己的理解深度、广度，结合自己的感知觉、记忆、思维、联想等认知特点，组成的一个具有内部规律的整体结构，是数学知识结构与学生个体心理结构相互作用的产物，是数学知识内化的结果，具有个体差异性. 从数学认知结构的组成要素来看，主要是数学概念、定理、公式、法则及它们之间的联系方式，以及数学思想方法及作为数学认知活动动力系统的非认知因素等. 其中，数学的概念、定理、公式、法则及它们之间的联系方式是数学认知结构的"硬件"，是进行有效数学活动的"物质基础"，但它们本身并不具备能动性；数学思想方法作为数学认知结构中的一个主要成分，蕴涵在具体的数学知识之中，发挥着纽带作用，学习数学，不仅取决于原数学认知结构中是否具有与新数学内容学习相关联的知识，而且取决于新旧知识之间的联系、组织方式、结构排列的层次性. 数学思想方法是新旧知识之间的桥梁，能够优化新、旧知识的组织方式，促进新旧知识的融合，它也是数学知识结构中的核心要素之一. 因此，学生的数学认知结构能否优化和发展，与其对数学思想方法的掌握有很大的关系. 数学思想方法决定着数学认知结构的状况，是

学生形成良好数学认知结构的前提条件. 如：一元二次方程的公式法求解的基本思想是化归思想，基本方法是先配方再开方. 解二次方程的配方法和解二次方程的直接开方法是其基础；数的开方和一元一次方程的求解又是解二次方程的直接开方法的基础，乘法公式（完全平方公式）是解二次方程的配方法的基础.

2. 有利于促进学生数学思维能力的发展

数学是思维的科学，数学教学是数学思维活动的教学，提高学生的数学思维能力是数学教育的基本目标之一. 现代数学教育研究表明：渗透数学思想方法的教学是培养和发展学生数学思维能力的有效途径. 鉴于数学与数学学习的特点，普通高中数学课程标准在课程基本理念中指出：在学习数学和运用数学解决问题时，要不断地经历直观感知、观察发现、归纳类比、空间想象、抽象概括、符号表示、运算求解、数据处理、演绎证明、反思与建构等思维过程. 这些过程都是数学思维能力的具体体现.

例 1 将 2017 拆分成若干个自然数之和（可重复），求其乘积的最大值.

分析 2017 拆分成若干个自然数之和的情况复杂，不宜下手. 首先，可以考虑较小的数，如 2, 3, 4, 5, 6, 7, 8, 9 等；其次，通过对较小的数的拆分情况的观察、实验、分析、归纳和抽象，概括出其乘积取得最大值的基本规律；最后，解决 2017 拆分问题，再进一步推广到一般的情形，即将自然数 N 拆分成若干个自然数之和，求其乘积的最大值.

解 （1）取特殊数进行实验：

$$2 = 1+1；$$
$$3 = 1+2 = 1+1+1；$$
$$4 = 1+3 = 2+2 = 1+1+2 = 1+1+1+1；$$
$$5 = 1+4 = 2+3 = 1+1+3 = 1+2+2 = 1+1+1+2 = 1+1+1+1+1.$$

观察上述拆分可以发现：由于 1 乘以任何数为任何数，所以要使其乘积最大，拆分不能有自然数 1（除 3 以外）；拆分成 2, 3 可产生最大值.

（2）继续实验：

$$6 = 1+5 = 2+4 = 3+3；$$
$$7 = 1+6 = 2+5 = 3+4；$$
$$8 = 1+7 = 2+6 = 3+5 = 4+4.$$

针对上述三个数，只考虑拆分为两个自然数的情形就可以，如：8 = 3+5，其中，自然数 5 的拆分成自然数的最大值是 6，可以直接使用. 分析综合可以发现：不妨设 a_i 为拆分成的自然数，要使其乘积最大：

① $a_i \geqslant 2$ $(a_i \cdot 1 < a_i + 1)$;

② $a_i \leqslant 4$

由此可知，所有的因子都应为 2 或 3.

（3）分析 2 和 3 的个数.

若有 3 个 2，可以把 3 个 2 拆成 2 个 3，则

$$2^3 = 8 < 3 \times 3,$$

说明拆成 2 的个数最多为两个，即 0, 1, 2，因此抽象概括其特点：

③ 最多只有两个 a_i 为 2.

（4）解决 2017 拆分成若干个自然数，其乘积的最大值问题.

$$2017 = 3 \times 672 + 1 = \underbrace{3 + 3 + \cdots + 3}_{672个} + 1 = \underbrace{3 + 3 + \cdots + 3}_{671个} + 2 + 2 = 3^{671} \times 2^2,$$

即其乘积的最大值为 $3^{671} \times 2^2$.

（5）进一步思考，2 的个数如何确定.

被拆分自然数除以 3 的余数分别对应 0, 1, 2 时，对应的因子 2 的个数为 0, 2, 1.

（6）推广到一般情况，对于自然数 N 拆分成若干个自然数之和，其乘积的最大值为：

$$\begin{cases} 3^k, & \text{当 } N = 3k \text{ 时,} \\ 2^2 \times 3^{k-1}, & \text{当 } N = 3k+1 \text{ 时,} \\ 2 \times 3^k, & \text{当 } N = 3k+2 \text{ 时.} \end{cases}$$

从上述例子可以更清楚地看到，在解决数学问题的过程中，学生需要掌握数学思想方法，如：观察与实验、分析与综合、抽象与概括、一般化与特殊化等，同时在不断思考的过程中发展其自身的思维能力，即数学思维的"高度抽象性"和"严密的逻辑性"等特点. 与此同时，促进其对数学思想方法的领会，从而达到运用数学思想方法解决实际问题的目的. 这两者是相互促进，共同发展的.

3. 是培养学生数学能力的基本途径

掌握数学的基本技能和培养学生的数学能力是中学数学课程标准规定的课程目标之一. 我们已经认识到：知识是对经验的总结（数学的概念、公式、命题等）；技能是个体身上固定下来的自动化的行动方式，即按一定程序和步骤完成的动作，是一系列行为方式的概括，偏重于操作；能力是对思想材料进行加工的活动过程的概括，它体现认知过程的心理差异，偏重在个性心理

特征方面. 例如：古埃及由于尼罗河泛滥，需要经常丈量土地，于是总结出一些几何学的定理和公式，对这些经验的概括形成了几何学的知识；而如何丈量则是以行为方式概括的，它形成了人们的技能和技巧；丈量时如何分析和概括问题，如何严密推理则形成了人们的能力.

也就是说，知识、技能和能力三者的关系是互相依存、互相促进的，能力是在知识的教学和技能的训练过程中，通过有意识地培养而得到发展的；同时，能力的提高又会加深对知识的理解和技能的掌握. 数学思想方法是隐性的数学知识，是以数学知识为物质载体的. 事实上，在学生具备了一定的知识之后，其数学能力的培养则是在数学活动中通过数学方法的运用来积累感性认识，当感性认识积累到一定程度时，学生的认识便会发生飞跃，形成对一类数学活动的理性认识，即有关的数学思想，与之相伴随，学生的数学能力便逐渐形成. 因此，数学思想方法是培养学生数学能力的根本途径，它对学生数学能力的提高具有统摄作用.

中学阶段的数学能力，重点是运算能力、空间想象能力、推理论证能力、数据处理能力以及发现问题、提出问题、分析问题和解决问题的能力等. 其中，运算能力是指会根据有关法则、公式正确地进行运算，并处理数据，能够理解算理，能够根据问题条件寻找并设计合理而简捷的运算途径；运算能力的高低取决于运算技能、思维水平以及对算理的理解程度等；其核心则是在正确理解概念的基础上，掌握转化成的思想方法，提高对数或式的变形能力.

例 2 $3\cos\theta + 4\sin\theta = 5$，求 $\tan\theta$ 的值.

分析   此题的直接意义是根据一个关于 θ 的三角方程或等式，求解 $\tan\theta$ 的值，主要考察学生熟练使用公式进行运算的能力.

方法 1   等式两边同除以 $\cos\theta$，得

$$3 + 4\tan\theta = 5\sec\theta . \qquad ①$$

又因为

$$1 + \tan^2\theta = \sec^2\theta , \qquad ②$$

所以①两边平方并代入②式，得

$$9\tan^2\theta - 24\tan\theta + 16 = 0 .$$

转化为一元二次方程的求解问题.

方法 2   设 $x = \cos\theta, y = \sin\theta$，则

$$\begin{cases} 3x + 4y = 5, \\ x^2 + y^2 = 1. \end{cases}$$

解之得 $\begin{cases} x = \dfrac{3}{5}, \\ y = \dfrac{4}{5}. \end{cases}$ 所以 $\tan\theta = \dfrac{4}{3}$.

由上述两种解题方法可以看出：方法 1 使等式朝着目标的方向统一化，最后化归成我们所熟悉的一元二次方程的求解问题；方法 2 通过换元法使之转化为二元一次方程组的求解问题，两种方法殊途同归，都是化归思想的体现. 当然，上述两种方法主要考察运算能力. 此题目还可以从几何直观的角度来解决，以体现数形结合的思想.

总之，数学能力的培养，是在学生掌握和运用相应的数学思想方法的基础上得以形成的，只有学生掌握并运用各种数学思想方法，才能充分发展学生的数学能力. 而脱离数学思想思想方法谈数学能力的培养，即试图通过让学生做大量习题，进行解题训练来培养学生的数学能力，实践证明，这样的教学并不成功，主要原因在于忽视了数学思想方法的作用.

4. 是培养学生创新意识和应用意识的关键

一个民族的创新意识和能力关系到它的兴衰存亡. 基础教育在提高全民创新能力方面肩负着特殊的使命，数学教育更是责无旁贷. 义务教育数学课程标准（2011 版）明确提出：创新意识的培养是现代数学教育的基本任务，应体现在教与学的过程之中. "创新"表现为一种主动探索、发现的心理倾向，一种积极的态度，学生自己发现和提出问题是创新的基础；独立思考、学会思考是创新的核心；归纳概括得到猜想和规律，并加以验证，是创新的重要方法. 在过去的数学教育中，由于教育教学体制等客观原因，使得在知识内容的学习上偏重于强调概念、结论等知识的机械记忆，在解题教学中强调套用题型和解决具体问题时的一招一式，而较少从思想方法的角度关注概念和结论的产生过程与具体应用，这种教学模式使学生很难达到对知识的真正理解及对其中所蕴含的思想方法的体会.

例如：北师大版九年级下册《直线与圆的位置关系》课题中，多数教师的教学流程是：通过现实生活中日出的情景，将地平线抽象为直线，太阳抽象为圆，日出时是不是出现了这几种情形（在黑板上画出图形）？这种情形下，直线与圆相交，是不是看到了两个交点？相切时，有一个交点；相离时没有交点，对吧？这就是今天所学习的内容. 对于直线与圆的位置关系，直观感知不一定正确，我们是不是还可以用数量去刻画呢？我们是不是可以用圆心到直线的距离 d 和圆半径 r 的大小来刻画……整个教学过程中学生只需回答"是"或"不是". 最后课堂练习：$r = 4$, 当 d 满足什么条件时，直线与圆相交、相切、相离？反之，$d = 4$, 当 r 满足什么条件时，直线与圆相交、相切、相离？不难发现，这节课教师的重点是对 d 和 r 满足什么条件时判定直线与圆的位置关系，而忽视了对化归思想、类比及数形结合思想的渗透.

学生理解的困难之处是抽象地利用 d 和 r 的大小关系来判定位置关系. 追究其原因：其一，直观地通过直线与圆的公共点的个数来判定直线与圆的位置关系就完成了教学，没有让学生体味用数量关系来刻画的必要性；其二，数量关系如何刻画？先回忆点与圆的位置关系，再通过圆心到点的距离与圆半径做比较来判定，进而联想"点到直线的距离，垂线段最短"，由此类比得出通过圆心到直线的距离 d 和圆半径 r 的大小来刻画. 如能分析其困难的原因，再突出重点，突破难点，就渗透了数学思想方法（类比、化归、数形结合、对应思想）.

因此，数学教学必须强调学生的主体性，使学生在认识上真正经历数学知识的发生发展过程，而教师要从数学知识的传授者变为数学活动的组织者、引导者和合作者，通过恰当的问题或者准确、清晰及富有启发性的讲授，引导学生积极思考，激发学生的好奇心，让学生在观察、实验、猜测、归纳、分析和整理的过程中来理解一个数学问题是怎样提出来的，一个数学概念是如何形成的，一个结论是怎样探索和猜测到的，以及结论是如何应用的. 只有通过这样的形式，学生的创新精神的培养才能得到落实. 只有在这样的过程中，学生才能在获得知识的同时，体会到知识产生过程中的思想和方法. 因此，数学思想方法是培养学生创新意识和能力的源泉.

随着现代信息技术的飞速发展，数学更加广泛地应用于社会生产和生活的各个方面，培养学生的应用意识是整个数学教育过程中的任务之一. 应用意识有两方面的含义：一方面，有意识地利用数学的概念、原理和方法解释现实世界中的现象，解决现实世界中的问题，即一种主动"用"数学的意识，使数学知识现实化.

如：歌手电视大奖赛上，10 个评委亮分之后，为什么要去掉最高分和最低分？

再如，全班有 30 名学生，在某次数学测试中成绩如下：有两个学生的数学成绩分别为 2 分和 10 分，其他学生的成绩为 5 个 90 分，22 个 80 分，其中，甲得了 78 分，平均分为 76.67 分. 由甲得分高于平均值，以为其是中上水平，实际上是倒数第 3 名，因为平均数易受异常值的影响，有时不能代表中上水平.

另一方面，让学生认识到现实生活中蕴涵着大量与数量和图形有关的问题，这些问题可以抽象成数学问题，并用数学方法予以解决，即对现实中的现象要主动进行数学"抽象"的意识，使现实问题数学化.

例 3（台风问题）　在气象台 A 正西方向 300 千米处有一台风中心，它以每小时 40 千米里的速度向东北方向移动，距离台风中心 250 千米以内的地方要受其影响. 试问：从现在起多长时间后气象台 A 所在地遭受台风影响？持续多长时间？

分析　首先要把文字描述转化为直观的几何图形，利用相关的数学知识来解决.

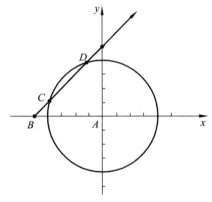

解　如图：$AB = 300$ 千米，$\angle ABC = 45°$. 由题意可知，台风中心处于 250 千米以内的圆内时，即台风中心在弦 CD 上运动时，气象台 A 受台风影响. 台风中心的运动方程为

$$\begin{cases} x = -300 + 40t\cos 45° = -300 + 20\sqrt{2}t, \\ y = 40t\sin 45° = 20\sqrt{2}t; \end{cases}$$

圆的方程为

$$x^2 + y^2 = 250^2.$$

点 C 既在圆上，又在直线 BC 上，也是气象台受台风影响的起始位置，而 D 点是结束位置，因此有

$$(-300 + 20\sqrt{2}t)^2 + (20\sqrt{2}t)^2 \leqslant 250^2.$$

解之得：$1.9 \leqslant t \leqslant 8.6$. 也就是大约经过 1.9 小时后，气象台 A 受台风影响，持续时间约为 6.7 小时.

6.2 数学思想方法的教学策略及案例分析

数学思想方法的重要性不言而喻，那么到底如何在学生掌握一般数学知识的过程中渗透其中蕴涵的数学思想方法呢？首先，需要教师在课堂教学设计及实施时进行教学法的加工. 教师要认真分析教材，挖掘教材中的数学思想方法，即在对教材进行分析时，除了把握教材体系与脉络、地位与作用、重点与难点之外，还要从数学知识中逐步抽象概括出数学思想方法，这是落实数学思想方法教学的大前提. 其次，学习数学史，了解数学的发展过程. 数学发展的历史蕴涵着丰富的数学思想发展史，教师只有了解数学思想方法的来龙去脉，才能更深刻地体会数学思想方法在数学发展中的作用. 这就要求教师在掌握数学史的基础上，通过对教材中的材料进行历史分析，明确数学思想方法的突破点既是数学历史发展的重要标志，又是学生学习的难点. 因此，在进行教学设计时，要充分发挥数学史的作用，引导学生合乎规律的认识那些重大转折事件. 最后，掌握数学思想方法教学的基本策略，并践行在日常的教学工作中.

6.2.1 数学思想方法的教学策略

6.2.1.1 重视数学教学设计，挖掘其蕴涵的数学思想方法

数学教学设计是教师根据学生的认知发展水平和课程培养目标，来制订具体的教学目标，选择教学内容，设计教学过程中各个环节的过程. 数学教学设计是以教学目标为导向，以学生的学习为平台，以学生学习的结果为依据的一个动态过程，其核心理念是促进学生的学习，从"要我学"转变为"我要学". 正如叶圣陶先生所指出的："教是为了不教"，教任何功课的最终目的都在于达到不需要教. 因此，数学新课程的基本理念及学习理论是数学教学设计的理论依据.

1. 启发式教学思想

"启发"一词来源于孔子的经典论断："不愤不启，不悱不发. 举一隅不以三隅反，则不复也"."启"在现代教育词典中主要指开启、打开；"发"指启发、开导，还有表达、说出、发生、生长之意. 因此，"不愤不启，不悱不发"中的"启"可理解为教师开启学生的思路，引导学生解除疑惑，而不直接告诉其结论；"发"则意味着教师开导学生通畅语言表达而不代替学生表达. "愤

悱"是指认知和情感处于"欲知还未知、欲言还未能"的困惑状态.

由此可以看出，启发的关键时机是"愤悱"之时，即学生"思潮汹涌，呼之欲出"之时，此时，教师要不失时机地予以暗示、点拨，使学生的思绪豁然开朗，茅塞顿开. 在这个过程中，学生是独立自主的思索者，教师的向导作用好比指点迷津的指路牌.

鉴于数学的学科特点和数学教学的特殊性，即数学是思维的科学，数学教学是数学思维活动的教学，对数学的启发式教学可做如下概括：数学启发式教学是指教师从学生已有的数学知识、经验和思维水平出发，力求创设"愤悱"的数学教学情境，以形成认知和情感的不平衡态势，从而启迪学生主动积极思维，引导学生学会思考，使学生的数学思维得以发生和发展，数学知识、经验和能力得以生长，并从中领悟数学本质，达到和生成教学目标.

在数学的启发式教学中，学生数学思维的主动积极性并不在于频频举手和猜中教师所期望的答案，而在于教师有目的地引导学生"想数学"，使学生全神贯注地、目标明确地动脑思考，从而使其头脑内部展开激烈的数学思维活动.

案例 1　人教版九年级《一元二次方程》中的课题："公式法".

用配方法解下面的方程：① $6x^2 - 7x + 1 = 0$ ；② $2x^2 - 4x + 3 = 0$.

教师应运用启发性提示语设问：通过解上述两方程，你觉得配方法有哪些优势和不足？你发现了哪些问题？

【设计意图】一元二次方程求根公式的课例中，与公式法有实质性联系的内容是前一节所学的配方法，教师要以此为新知识生长点呈现练习题. 用配方法解上述两个方程，既激活了学生头脑中与新知识密切相关的已有知识经验，又巩固了配方法，使学生认识到每一个数字系数的一元二次方程都可用配方法来求解，并且用配方法解具体的一元二次方程的思路及步骤都相同. 同时也体验到了配方法的局限性，即形如①的一元二次方程，一次项系数不是 2 的倍数或数字较大时配方运算较烦琐，用起来不方便；方程②配方后完全平方式为负数，原方程无实数根，但要花费时间来配方，由此产生疑难和困惑，感悟到具体的配方法已经不够用了.

教师由此引导学生提出问题：能否有更简便和更一般的方法求一元二次方程的根？使学生产生寻找一般方法的内在需求，使学生认识到寻找一般方法需要写出一元二次方程的一般形式，并体验到对一般形式的一元二次方程配方的必要性，并由此生长出今天的新内容——公式法.

教师运用启发性提示语设问：对一般形式的一元二次方程如何配方？你打算如何思考？能否类比前面的研究方法？

教师引导学生类比数字系数的一元二次方程配方的步骤，经历用配方法获得一元二次方程 $ax^2+bx+c=0$ $(a\neq0)$ 求根公式的推导过程.

通过教师的启发引导，使学生在思维上产生疑难、踌躇、困惑，从而让学生产生内在的学习需求. 由于已有的整式方程理论不够用了，需要学习新的内容，教师再借助设问、追问、元认知提示语引导学生自然而然地建构分式的概念. 在此过程中实际上已渗透了抽象、概括等思维方法，以及类比法、分类讨论思想等. 在设计数学教学过程中，教师要注意有步骤地渗透有关的数学思想方法，要在循环往复的体验中使学生逐渐认识和理解，并在具体的应用中加深认识.

2. 建构主义学习理论

建构主义学习理论的代表人物是瑞士心理学家皮亚杰和苏联心理学家维果斯基. 在数学上，建构主义学习的实质是：通过对抽象的形式化思想材料的思维构造，使主体在心理上建构这些思想材料的意义. 即学习不是被动地接受外部知识，而是根据自己的经验背景、新旧知识之间的联系，扎根于自己已有的认知结构，进行积极主动的过程. 建构主义学习的基本模式是同化和顺应. 同化是指把新知识纳入原有认知或行为结构模式的过程，即扩大了原有的认识结构. 如学习三角函数时（定义、定义域、值域、单调性、周期性等），要和原有的认知结构建立联系，并将之纳入函数的认知结构中. 顺应是指原有的认知结构或行为结构不能使知识同化时，调整并改造原有认知结构或行为结构，使之适应新的学习. 如学习极限概念时，学生原有的认知无法同化，需建立新的认知结构，即调整原有的认知结构. 再如：负数的引入，学生原有认知结构中仅有算数的概念，找不到与之有实质性、非人为联系的知识和观念，无法实现同化，只有调整原有的认知结构.

案例2 "分式"的概念.

首先，创设情境，提出问题. 由几个简单的实际问题，让学生建立方程：

① $\dfrac{1}{5}x+50=\dfrac{1}{4}x$；② $\dfrac{1000}{x}-\dfrac{1000}{x+50}=1$；③ $\dfrac{36}{x}=\dfrac{36}{(1+50\%)x}+0.2$.

其中，教师启发引导：

（1）这三个方程，你们是不是都会解？——②、③两个不会解.

（2）为什么不会解？你们发现了什么？——其中有从没见过的符号.

（3）好像有些符号没见过？——保留带分数线的式子，擦去其他符号.

（4）它们有什么不同？能不能对它们做区分？

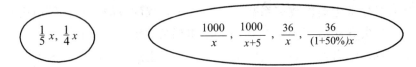

（5）它们分别有什么特点？

一组未知数 x 不在分母上，而另一组未知数 x 在分母上.

（6）能不能给右边这组代数式下个定义？

教学过程中，教师是意义建构的帮助者与促进者，而不是知识的传授者与灌输者；学生是信息加工的主体，是意义的主动建构者，而不是外部刺激信息的被动接受者.

3. 学科教学知识（PCK）理论

20 世纪 80 年代，美国学者 L. S. 舒尔曼针对学科知识的考察太单薄以及学科与教育学两张皮的现象首次提出学科教学知识（pedagogical content knowledge，简称 PCK），包括：学生理解的知识和教学策略知识；1990 年，格罗斯曼在学科教学知识的基础上增加了教学目的的统领性观念和课程与教材知识；1999 年，马格努森提出 PCK 的五要素：教学目的、教学策略知识、关于学习者的知识、课程知识、评价知识；2008 年帕克和 Ball、2012 年帕克和 Chen 等学者不断发展和深化其认识，构建了五边形结构图、六边形结构图等要素模型. 以上几种模型尽管形式不同，但其内涵本质基本一致，即 PCK 是教师面对具体学科内容主题时所特有的将学科知识转化为学生易于理解的教学形式的知识.

我国对 PCK 理论的关注始于 2000 年，相关研究主要集中在教师 PCK 理论的生成及 PCK 结构框架的数学课堂分析. 如解书、马云鹏从小学数学教师的案例研究阐述了 PCK 的结构特征及发展路径；2011 年，杨小丽把格罗斯曼 PCK 四要素框架改进成适合数学特定课程的 PCK 内涵分析的理论框架，用来分析具体的数学课例与特定的数学主题；2015 年，董涛在格罗斯曼四要素的基础上构造了一个包含教学目标、内容组织、学生理解、效果评估、教学策略五种相互联系成分的 PCK 结构框架，并将它作为评课、观课、备课和反思的定向思维框架.

在对已有研究进行梳理的基础上，针对当前数学教学中对新学习内容产生的必要性和教学价值体现得不够，学生未能感悟到学习新知识的现实需要和数学需要，从而不易形成认知和情感的内在学习需求，本研究把"为什么要教学"单独列为 PCK 的一个要素，并提出 PCK 的"3W+3H"的六要素框架（见下表）.

表　PCK 的"3W+3H"理论

3W+3H	Why	What	Where	How	How	How
要素名称	教学内容的价值	课程内容	课程与目标	有关学生理解的知识	教学策略	教学评价
要素含义	为什么教学	教学什么	教学目标	学生的现实如何	如何教学	教学得如何

为什么教学（Why）：新学习内容产生的必要性和价值；

教学什么（What）：数学教学材料的本质和知识间的纵横联系；

教学目标（Where）：三维目标的整合；

学生的现实如何（How）：学生已有的知识和经验、思维水平及存在的困难等；

如何教学（How）：教学策略、教学方法、教学媒体等，教学生学会数学思考；

教学得如何（How）：教学评价，评价学生在学科领域内的理解和表现，评价学生的能力，利用评价结果来指导教学的知识.

如图所示. 其中教学什么（What）要求教师要研读教材，分析并提炼教学内容背后的隐性数学思想方法，这样才能在如何教学（How）、依据学生现实如何（How）方面有目的地渗透数学思想方法.

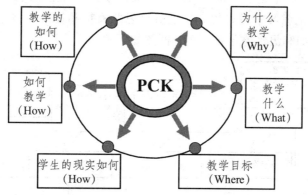

案例 3　北师大八年级上册《平面直角坐标系》.

通过研读教材，本节课的主要思想方法有类比思想、对应思想及数形结合思想. 平面直角坐标系的建立将代数元素"数对"与几何元素"点"之间建立了一一对应的联系，沟通了代数和几何的联系.

环节一：创设现实情境，让学生感受建立平面直角坐标系的必要性.

结合教材上的旅游示意图，小亮如何向来访的朋友们介绍风景点的位置呢？学生已有的知识经验是利用方格纸表明正整数的刻度，用数对（限于正整数）表示位置，知道方格纸上的点和数相对应. 那么改变出发的位置，如何介绍风景点的位置？引起学生的疑难和困惑. 由于在初中学习过数轴,实数与数轴上的点有一一对应关系, 让学生体味到原有的知识不够用了, 需要学习新的知识.

环节二：两次类比数轴,建立平面直角坐标系的合理性. 让学生体味在平面直角坐标系中的一个点都可以用一对有序实数对来表示,即直角坐标系中的点与一组有序实数对的一一对应关系.

环节三：抽象概念. 由具体的情境抽象出平面直角坐标系的概念, 衍生出与之相关的概念：横轴、纵轴、坐标轴、坐标、象限等.

环节四：结合例题, 再次强调点与有序实数对的一一对应关系, 让学生充分认识数形结合思想的重要性.

6.2.1.2　课堂教学实施中，多次渗透、显化数学思想方法

课堂是教师的主阵地, 课堂教学是教学质量的保证. 教师除了注重基础知识和基本技能外, 要有意识地渗透数学思想方法, 基本途径是在教学中自觉暴露数学事实的思维过程. 如数学概念的形成过程, 数学定理的发现过程, 数学结论的探究过程, 通过大量渗透, 让学生积累足够多的感性体验, 并呼之欲出, 这样才能产生正面突破, 明白其含义, 初步形成理性认识. 要让学生在变式训练、强化练习中对思想方法进行反思并概括和提炼, 以达到对数学思想方法运用自如和灵活掌握的目的. 框图如下：

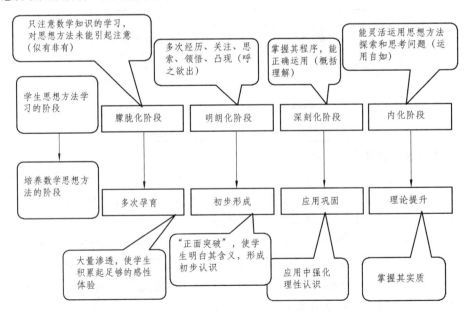

案例 4 北师大版九年级下册《直线与圆的位置关系》课题.

环节一：由生活实例与活动引入. 通过生活实例——太阳与地平线的位置关系及在画好的圆上移动直尺的活动，观察直线与圆的位置关系，引入课题. 类比点与圆的三种位置关系归纳出根据直线与圆的公共点的个数来判断直线与圆的相交、相切、相离三种位置关系，让学生初次体会类比的思想.

环节二：让学生体会到通过直观感知由公共点的个数来判定直线与圆的位置关系不够用时，类比点与圆的位置关系的数量刻画方法，将直线与圆的位置关系转化为点与圆的位置关系，让学生第二次体味类比的思想.

环节三：类比点到圆心的距离与半径 r 的大小关系来刻画点与圆的位置关系，让学生思考直线与圆的位置关系，即让学生思考可以考虑用直线上某点到圆心的距离与半径 r 的大小关系来刻画，进而让学生第三次体味类比的思想.

环节四："点到直线的距离，垂线段最短"，由此发现用圆心到直线的距离与半径 r 的大小关系来刻画直线与圆的位置关系的合理性.

环节五：反思整个思考过程，明确类比的思想：根据两个对象或两类事物之间存在着的相同或类似属性，联想到另类事物也可能具有某种属性的思维方法.

6.2.1.3 在解题教学过程中加强数学思想方法的应用

"问题是数学的心脏"，数学问题的解决过程实质上是数学思想方法反复运用的过程，表面上看，是具体数学形式的连续转化、逻辑沟通，但在过程探索、方法选择和思路发现的背后，都有数学思想方法的运用. 同一数学形式可以用不同的数学思想方法解释，产生不同原理下的"一题多解"；同样，同一数学思想方法可以有不同的表现形式，产生不同题目下的"一解多题". 因此，我们要自觉从数学思想方法的高度去理解题意、寻找思路，去分析解题过程，去扩大解题成果，使得解题的过程既是运用数学思想方法的过程，又是领悟和提炼数学思想方法的过程.

例 4 若 $0 < a < 1, 0 < b < 1$ ，求证：

$$\sqrt{a^2 + b^2} + \sqrt{(1-a)^2 + b^2} + \sqrt{a^2 + (1-b)^2} + \sqrt{(1-a)^2 + (1-b)^2} \geqslant 2\sqrt{2}.$$

分析 要证不等式成立，常规方法是左、右两边作差再与 0 比较，或者左、右两边作商再与 1 比较. 关于此题，常规方法不奏效，经过仔细观察发现，左边式子都具有 $\sqrt{x^2 + y^2}$ 的形式，可以联想到直角三角形中的勾股定理，寻找几何意义，而右边 $\sqrt{2}$ 是发现的第一个无理数，恰好是边长为 1 的正方形的对角线的长．

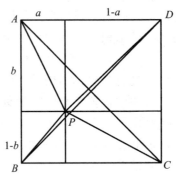

证法一　如图构造边长为 1 的正方形，则

$$PA = \sqrt{a^2 + b^2}, \quad PB = \sqrt{a^2 + (1-b)^2},$$

$$PC = \sqrt{(1-a)^2 + (1-b)^2}, \quad PD = \sqrt{(1-a)^2 + b^2}.$$

所以

$$左端 = PA + PB + PC + PD \geqslant AC + BD,$$

而 AC 和 BD 为正方形的两条对角线，所以

$$AC + BD = 2\sqrt{2}, \text{当且仅当 } a = b = \frac{1}{2} \text{ 时取到等号．}$$

证法二　设

$$Z_1 = a + b\mathrm{i}, \ Z_2 = (1-a) + b\mathrm{i}, \ Z_3 = a + (1-b)\mathrm{i}, \ Z_4 = (1-a) + (1-b)\mathrm{i},$$

所以

$$左端 = |Z_1| + |Z_2| + |Z_3| + |Z_4| \geqslant |Z_1 + Z_2 + Z_3 + Z_4|,$$

而

$$|Z_1 + Z_2 + Z_3 + Z_4| = |2 + 2\mathrm{i}| = 2\sqrt{2},$$

于是不等式得证．

例 5　若锐角 α, β, γ 满足 $\cos^2 \alpha + \cos^2 \beta + \cos^2 \gamma = 1$，求证：

$$\tan \alpha \tan \beta \tan \gamma \geqslant 2\sqrt{2}.$$

分析　此题是关于三角函数和不等式结合的题目，通过等式求证不等关系，运用常规方法无从下手．由 $\cos^2 \alpha + \cos^2 \beta + \cos^2 \gamma = 1$ 联想到数学模型——长方体，即三个角可看作长方体的体对角线与过一个顶点的三条棱所成的角，设出长方体的三条棱，然后根据三角函数的定义表示出 $\tan \alpha, \tan \beta, \tan \gamma$，利用基本不等式可证明．

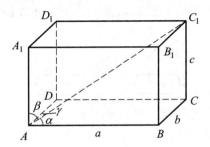

证明 如图，α 是 AC_1 与棱 AB 所成的角，β 是 AC_1 与棱 AA_1 所成的角，γ 是 AC_1 与棱 AD 所成的角，且 α, β, γ 都是锐角，满足 $\cos^2\alpha + \cos^2\beta + \cos^2\gamma = 1$. 记长方体的三条棱 AB, AD, AA_1 的棱长分别为 a, b, c，则

$$\tan\alpha = \frac{BC_1}{AB} = \frac{\sqrt{c^2+b^2}}{a},$$

$$\tan\beta = \frac{A_1C_1}{AA_1} = \frac{\sqrt{a^2+b^2}}{c},$$

$$\tan\gamma = \frac{DC_1}{AD} = \frac{\sqrt{a^2+c^2}}{b},$$

所以

$$\tan\alpha\tan\beta\tan\gamma = \frac{\sqrt{c^2+b^2}}{a} \cdot \frac{\sqrt{a^2+b^2}}{c} \cdot \frac{\sqrt{a^2+c^2}}{b}$$

$$\geqslant \frac{\sqrt{2bc}}{a} \cdot \frac{\sqrt{2ab}}{c} \cdot \frac{\sqrt{2ac}}{b} = 2\sqrt{2}，\text{当且仅当 } a=b=c \text{ 时，等号成立.}$$

以上两个题目的证明过程，构造法是基本的方法，本质上都体现了数形结合的思想，即将式结构转化为形结构，反映了数量关系与空间形式的辩证统一.

6.2.2 课堂教学设计案例

《义务教育数学课程标准（2011 年版）》把注重启发、实施启发式教学作为课程标准的基本理念和实施建议，因此，在数学教学中实施启发式教学显得尤为必要. 启发式数学教学重在激活学生的数学思维，重在启发学生的数学思维的深层参与，强调教师要从学生已有的数学知识、经验和思维水平出发，力求创设"愤悱"的数学教学情境，让学生形成认知和情感的不平衡态势，从而引导学生学会思考，让学生的数学思维得以发生和发展. 数学思想方法是对数学知识的综合贯通的理解和升华，而学生头脑中的数学思想不是一开始自发产生的，只有在教师有意识的启发引导下，才能使学生形成对数学思想个性化的理解和领悟.

数学思想教学的设计路线图：

体味是指教师要精通数学，钻研数学教学内容，感知数学知识隐含的数学思想，把握数学对象的本质特征；提炼是指教师要精心设计教学过程，以启发式教学思想为指导，不仅要关注数学知识的形成过程，更要凸显数学思想的实质. 这两个环节突出强调教师对数学思想认识的重要性.渗透是指在教学过程中多次孕育，即积累足够的感性体验，以便让学生感悟数学思想，而教师要把握启发的恰当时机，逐步深入，层层推进；概括是指数学思想方法逐步显性化，由师生共同概括出数学思想的本质，避免教师简单地告之. 这两个环节突出强调，教学过程中，要在教师的启发引导下，学生主动积极地建构数学思想.

案例 《探索多边形的内角和》的教学设计.

◇教学任务分析

化归是重要的数学思想，是化未知为已知、化复杂为简单、化陌生为熟悉的过程. 在平面几何中，要解决一个较为复杂的图形问题，常常将其分解成基本图形，并应用基本图形的有关性质使复杂问题得以解决."探索多边形的内角和"课题较好地体现了化归思想的运用.

本节课是北师大版八年级上册第四章第六节"探索多边形内角和与外角和"的第一课时，是七年级上册多边形相关知识的延展和升华，并且在探索过程中又与三角形相联系，从三角形的内角和到多边形的内角和环环相扣，前面的知识为后边的知识做了铺垫，同时又与下一课时多边形的外角和一脉相承. 通过本课题的学习使学生经历探索、归纳、质疑等活动，让学生积累数学活动经验，发展合情推理能力，让学生对发现的结论进行说理和简单推理，体会数学知识间的内在联系、感悟化归思想的实质.

◇教学过程设计

（1）教师设问，引入课题.

教师提问：前面我们一起学习了三角形的内角和是180°，在平面图形中，除了三角形之外，生活中还有哪些常见的图形呢？

进一步追问：学习数学，我们要学会思考，学会联系，那么大家思考一下，今天我们该学习什么内容？

【设计意图】教师通过设问，激活学生已有的知识和经验. 运用方法论提示语启发引导学生认识到需要研究多边形的内角和，这符合学生的认知规律，让学生产生内在的学习需求.

（2）尊重差异，探寻方法.

教师提问：研究数学问题，往往是从特殊到一般，研究多边形的内角和问题也一样，我们需先研究（停顿，等待学生回答四边形、五边形等边数较少的图形），再研究多边形. 那么四边形内角和是多少？

学生小组讨论，得出如下思考途径：

① 快速回答 360°. 从矩形、正方形的内角和等于 360° 想到的.

② 利用三角形的内角和为 180°，把四边形分割成两个三角形，连接四边形的一条对角线就可以实现（见图 1）.

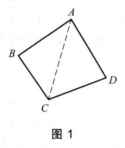

图 1

③ 把四边形分割成若干个三角形的方法要体现多样化的特点，而且这些都能说明四边形的内角和为 360°（见图 2～图 5）.

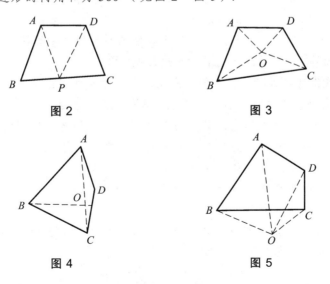

图 2　　　　　　　　　　　图 3

图 4　　　　　　　　　　　图 5

④ 把四边形分割成一个平行四边形和三角形，利用平行四边形的性质和三角形内角和也可以实现（见图 6）.

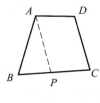

图 6

教师引导：图 1～图 6 都充分证实了直接猜想四边形内角和为 360°是正确的，也就是说利用特殊法可以帮助我们指明解决问题的方向，因此解决问题时可以从特殊情况出发进行研究，再探讨其一般性的结论. 对于图 1～图 5 的证明思路如何来概括？

师生概括：此问题是将四边形的内角和转化成我们已经学过的三角形的内角和. 这种思考问题的方法在数学中称为化归思想.

【设计意图】放手让学生探索解决问题的方法，以开拓学生的思维. 在整个教学过程中，教师注意引导学生对不同的思考途径给予合理的分析，尤其要引导学生通过数量关系发现四边形的内角和是三角形内角和的两倍这一重要特征，由此自然产生把四边形分割成两个三角形的思考路线，让学生体会特殊法在数学问题解决过程中的优势. 教学过程中，教师要循序渐进地引导学生初步感受化归思想，积累感性体验，此时学生的认识处于直观感知状态. 对图 6 的解决方法暂时不做过多的分析说明，为后继的学习埋下伏笔.

（3）创设情境，形成认知困惑.

教师提问：对于五边形呢？（学生利用已有的知识能够解决）

教师追问：六边形、七边形、八边形呢？

【设计意图】创设"愤悱"的问题情境，让学生体会到虽然所求的图形发生了变化，但研究方法是相同的，即把所求的图形分割成若干个三角形. 那么能否找到一个统一的表达式，既方便又快速地得到任意多边形的内角和？使学生体验到学习内角和的必要性，突出该节课的重点内容.

（4）利用启发性提示语，探求新知.

教师提问：如何求 n 边形的内角和？学生在前面学习的基础上，自然想到把 n 边形分割成若干个三角形.

教师追问：把 n 边形分割成若干个三角形的办法很正确，那么到底如何分割？分割成几个三角形呢？

学生探求解决问题的途径如下：

① 通过观察三角形、四边形、五边形以及六边形可以发现 n 边形可以分割成 $(n-2)$ 个三角形，所以 n 边形的内角和为 $(n-2) \cdot 180°$.

② 从 n 边形的一个顶点出发，分别与剩余的 $(n-1)$ 个顶点相连，就有 $(n-1)$ 条线段，再减去两条边所在的线段，也就是被 $(n-3)$ 条线段分割，形成 $(n-2)$ 个小三角形.

③ 从 n 边形的内部任取一点，分别与 n 个顶点相连，形成 n 个小三角形，那么 n 个小三角形的内角和为 $n \cdot 180°$，再减去一个周角，就可以得到 n 边形的内角和为 $(n-2) \cdot 180°$.

师生概括：分割 n 边形的方法与分割四边形的方法（见图 1～图 5）在本质上是相同的，最终都化归为熟悉的三角形内角和问题.

【设计意图】学生自然而然地想到把 n 边形分割成若干个三角形，让学生再次体验化归思想，逐渐领悟化归的实质. 对 n 边形内角和的研究，从具体上升为抽象，思维活动也从直观感知上升到思辨推理. 同时从方法论的意义，引导学生通过观察、实验、归纳等科学方法发现数学规律，培养学生认识数学思想和数学方法的价值.

（5）克服负迁移，概括化归思想.

教师引导：我们解决 n 边形内角和的过程实质上就是化归思想的运用. 梳理一下自己的思路，思考通过本节课的学习，谈谈对化归思想的认识？

学生经过思考后，不难概括出如下认识：

① 化归思想就是把多边形分割成若干个三角形.

② 化归思想就是把不熟悉的问题化成熟悉的问题，把不会解决的问题化成会解决的问题.

③ 化归思想比较实用，主要问题是如何化归.

教师追问：化归思想就是把多边形分割成若干个三角形的认识，合理吗？

学生讨论，形成合理的认识：把多边形分割成若干个三角形是化归的途径之一，但不一定都要分割为三角形，只要是我们熟悉的，已经解决的图形都可以（见图 6）.

过点 A 作 $AP \parallel CD$ 交 BC 于点 P，把四边形分割成一个三角形和一个平行四边形，再利用平行线的性质：同旁内角互补，也可求出.

师生概括：化归思想的三个要素：未解决的问题（对象）、已解决的问题（目标）、转化的途径（方法），关键是如何化归. 化归思想的本质是把不易解决或未解决的问题转化为易解决或已解决的问题，把复杂的问题转化为简单的问题.

教师追问：我们知道，条条大路通罗马，化归的方法也一样，不是唯一的，那么研究四边形和多边形的内角和时，一定要把图形分割吗？（见图 7）

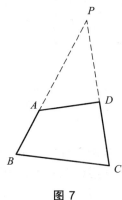

图 7

【设计意图】结合学生对化归思想的认识，教师抓住时机启发引导学生进行深入的思考；结合图 6 的证明途径，让学生在互相交流中提升对化归思想本质的认识，以克服思维定式，完善认知结构. 最后师生共同提炼概括出化归思想的实质，使化归思想明朗化，以凸显数学思想的认识价值. 并进一步引申，使学生产生了新的疑难和困惑，从而引发其课后对化归思想的深入探索.

学生感悟和把握数学思想，使其转化为自己头脑中的数学思想，与数学概念、原理等学习相比有一定的难度，这对数学教师也提出了更高的要求. 因此，教师在选择教学内容时，不应只对教材进行复制，而是按"教与学对应"、"教学与数学对应"的原理对教材内容进行教学法加工，引导学生体味并提炼数学知识背后蕴含的数学思想，并有意识地安排学生从中感悟数学思想的过程. 通过多次孕育渗透，再利用启发性提示语，可引导学生在思维层面上进行深层次参与，从而让学生领悟数学思想的真谛，凸显数学思想的认识价值.

参考文献

[1] 徐利治. 数学方法论选讲. 武汉：华中理工学院出版社，1983.

[2] 解恩泽，等. 数学思想方法纵横论. 北京：科学出版社，1986.

[3] M·克莱因. 古今数学思想（第 1～4 册）. 上海：上海科学技术出版社，1988.

[4] 张奠宙，过佰祥. 数学方法论稿. 上海：上海教育出版社，1996.

[5] 郑毓信. 数学方法论. 南宁：广西教育出版社，1996.

[6] 王子兴. 数学方法论——问题解决的理论. 长沙：中南大学出版社，2002.

[7] 钱佩玲. 中学数学思想方法. 北京：北京师范大学出版社，2001.

[8] 张英伯，曹一鸣. 数学方法论选读. 北京：北京师范大学出版社，2010.

[9] 顾泠沅，邵光华. 作为教育任务的数学思想与方法. 上海：上海教育出版社，2009.

[10] 徐献卿，纪保存. 数学方法论与数学教学. 北京：中国铁道出版社，2009.

[11] 叶立军. 数学方法论. 杭州：浙江大学出版社，2008.

[12] 史宁中. 数学思想概论. 长春：东北师范大学，2008.

[13] 史宁中. 数学基本思想 18 讲. 北京：北京师范大学出版社，2016.

[14] 顾泠沅. 数学思想方法. 北京：中央广播电视大学出版社，2016.

[15] 欧阳维诚，张垚，肖果能. 长沙：湖南教育出版社，2001.

[16] 李文林. 数学史概论. 北京：高等教育出版社，2002.

[17] 韩龙淑. 数学教育学概论. 北京：中国文颐出版社，2000.

[18] 中华人民共和国教育部. 普通高中数学课程（实验稿）. 人民教育出版社，2003.

[19] 中华人民共和国教育部. 义务教育数学课程标准（2011 版）. 北京师范大学出版社，2012.

[20] 徐斌艳. 数学课程与教学论. 浙江：浙江教育出版社，2003.

[21] 胡杞，周春荔. 初等几何研究基础教程. 北京：北京师范大学出版社，1998.

[22] 周君烈，张国楚. 数学的发展和数学思想方法. 北京：地震出版社，1996.

[23] 陈桂正，朱梧檟. 数学发现中的美学因素. 曲阜师范大学学报，1988（2）：7-24.

[24] 蔡上鹤. 数学思想和数学方法. 中学数学，1997（9）：1-4.

[25] 臧雷. 试析数学思想的含义及基本特征. 中学数学教学参考，1998（5）：1-2.

[26] 吴增生. 数学思想方法及其教学策略初探. 数学教育学报，2014（6）：11-15.

[27] 郑毓信. 数学思想、数学思想方法与数学方法论. 科学技术与辩证法，1993（5）.

[28] 罗增儒. 数学思想方法的教学. 中学教研，2004（7）：28-33.

[29] 邵光华，刘秋香. 影响分类讨论思想方法掌握的因素分析. 中学数学杂志，1998（2）.

[30] 王燕荣，韩龙淑. 基于启发式教学的数学思想教学设计. 教学与管理，2015（1）：57-59.

[31] 韩龙淑等. 基于启发式数学教学思想的命题教学设计. 教学与管理，2012（3）：69-71.

[32] 蒋永晶. 数学模型思想与中学数学. 大连教育学院学报，1995（1）：175-176.

[33] 徐鸿斌，蒋忠明. 从高考题谈类比思想的作用. 中学教研，2005（2）：36-39.

[34] 杨在荣，屈红萍. 论向量法解几何问题的两个基本要点. 科技信息，2011（21）：167.

[35] 张景中，彭翕成. 论向量法解几何题的基本思路. 数学通报，2008（2）. 30-35.

[36] 袁桂珍. 关于数形结合的若干基本观点. 广西师范大学学报：自然科学版，1998（3）.

[37] 王艳青，代钦. 高中数学解题教学中的分类讨论策略，2011（12）：121-122.

[38] 吴增生. 数学思想方法及其教学策略初探. 数学教育学报，2014（6）：11-15.